智能制造时代的机械制造与自动化技术研究

张海燕　著

中国建材工业出版社

北　京

图书在版编目（CIP）数据

智能制造时代的机械制造与自动化技术研究/张海燕著. --北京：中国建材工业出版社，2023.12
ISBN 978-7-5160-3970-0

Ⅰ.①智... Ⅱ.①张... Ⅲ.①机械制造－自动化技术－研究 Ⅳ.①TH164

中国国家版本馆 CIP 数据核字（2023）第 244319 号

智能制造时代的机械制造与自动化技术研究
Zhineng Zhizao Shidai de Jixie Zhizao yu Zidonghua Jishu Yanjiu

张海燕　著

出版发行：中国建材工业出版社
地　　址：北京市海淀区三里河路 1 号
邮　　编：100044
经　　销：全国各地新华书店
印　　刷：北京传奇佳彩数码印刷有限公司
开　　本：787mm×1092mm　1/16
印　　张：15.5
字　　数：278 千字
版　　次：2024 年 5 月第 1 版
印　　次：2024 年 5 月第 1 次
定　　价：59.80 元

本社网址：www.jccbs.com，微信公众号：zgjcgycbs
请选用正版图书，采购、销售盗版图书属违法行为
版权专有，盗版必究，举报有奖。
本社法律顾问：北京天驰君泰律师事务所，张杰律师
举报信箱：zhangjie@tiantailaw.com　举报电话：**（010）68343948**
本书如有印装质量问题，由我社市场营销部负责调换
联系电话：**（010）88386906**

前　言

　　制造自动化是人类在长期的社会生产实践中不断追求的主要目标。随着科学技术的不断进步，自动化制造的水平也愈来愈高。采用自动化技术，不仅可以大幅降低劳动强度，还可以提高产品质量和制造系统适应市场变化的能力，从而提高企业的市场竞争能力。

　　智能制造是一种集自动化、智能化和信息化于一体的制造模式，是信息技术特别是互联网技术与制造业的深度融合、创新集成。随着智能制造时代的到来，机械制造与自动化技术进行了有机融合，以计算机为代表的高技术和现代化管理技术的引入、渗透与融合，不断改变着传统制造技术的面貌和内涵，从而形成了先进的机械制造技术，机械制造的效率日益提高。机械制造在一定程度上可以反映一个国家的科技实力，因此，做好智能制造时代的机械制造与自动化技术研究是十分必要的。

　　本书是关于智能制造时代的机械制造与自动化技术方面的研究，首先对智能制造进行概述，然后对机械制造基础知识、机械设计基础知识、先进制造工艺技术进行论述，之后系统地介绍了加工设备自动化、物料供输自动化、刀具自动化、检测过程自动化、装配过程自动化等方面的技术、方法和应用，最后介绍了自动化技术的现代化应用。

　　笔者在撰写本书的过程中，参考和借鉴了部分学者和专家的研究成果，在此向其作者表示诚挚的感谢。由于知识水平有限，书中难免有疏漏与不妥之处，敬请广大读者批评指正。

目 录

第一章　智能制造概述

智能制造是未来制造业的发展方向，是制造过程智能化、生产模式智能化和经营模式智能化的有机统一。智能制造能够对制造过程中的各个复杂环节（包括用户需求、产品制造和服务等）进行有效管理，从而更高效地制造出符合用户需求的产品。在制造这些产品的过程中，智能化的生产线让产品能够"了解"自己的制造流程，同时深度感知制造过程中的设备状态、制造进度等，协助推进生产过程。

第一节　智能制造的概念及意义

一、智能制造的基本概念

智能制造（Intelligent Manufacturing，IM）的概念是 1988 年由美国的怀特（Wright）和布恩（Bourne）在《智能制造》（*Manufacturing Intelligence*）一书中首次提出的。

我国对智能制造的定义为：基于新一代信息技术，贯穿设计、生产、管理与服务等制造活动各个环节，具有信息深度自感知、智慧优化自决策、精准控制自执行等功能的先进制造过程、系统和模式的总称。智能制造具有以智能工厂为载体、以关键制造环节智能化为核心、以端到端数据流为基础、以网络互联为支撑等特征，可有效满足产品的动态需求，缩短产品研制周期，降低运营成本，提高生产效率，提升产品质量，降低资源和能源消耗。

智能制造是一种集自动化、智能化和信息化于一体的制造模式，是信息技术特别是互联网技术与制造业的深度融合、创新集成，目前主要集中在智能设计（智能制造系统）、智能生产（智能制造技术）、智能管理、智能制造服务这四个关键环节，同时还包括一些衍生出来的智能制造产品。

（一）智能设计

智能设计是指应用智能化的设计手段及先进的数据交互信息化系统来模拟人类

的思维活动，从而使计算机能够更多、更好地承担设计过程中的各种复杂任务，不断地根据市场的需求设计出多种方案，从而获得最优的设计成果和效益。

（二）智能生产

智能生产是指将智能化的软硬件技术、控制系统及信息化系统（分布式控制系统、分布式数控系统、柔性制造系统、制造执行系统等）应用到整个生产过程中，从而形成高度灵活、个性化、网络化的产业链。它也是智能制造的核心。

（三）智能管理

智能管理是指在个人智能结构与组织（企业）智能结构基础上实施的管理，既体现了以人为本，也体现了以物为支撑基础。它通过应用人工智能专家系统、知识工程、模式识别、人工神经网络等方法和技术，设计和实现产品的生产周期管理、安全、可追踪与节能等智能化要求。智能管理主要体现在与移动应用、云计算和电子商务的结合方面，是现代管理科学技术发展的新动向

（四）智能制造服务

智能制造服务是指服务企业、制造企业、终端用户在智能制造环境下围绕产品生产和服务提供进行的活动。智能制造服务强调知识性、系统性和集成性，强调以人为本的精神，能够为用户提供主动、在线、全球化的服务。通过工业互联网，可以感知产品的状态，从而进行预防性维修维护，及时帮助用户更换备品备件；通过了解产品运行的状态，可帮助用户寻找商业机会；通过采集产品运营的大数据，可以辅助企业做出市场营销的决策。

二、以传统技术为基础的智能制造体系

经典的管理技术如工业工程、精益生产、六西格玛质量管理体系等依然是智能制造管理的基石，任何系统在设计时都必须遵循相应的管理原则，这也是智能制造管理实施成功的关键所在。在智能制造中，需要将这些管理技术在系统中进行工具化和智能化，例如，我们在设计仓库管理系统时，有一个原则必须遵守，即先进先出，在流程设定、作业执行等环节必须遵循这一原则，并提供相应的自动化流程、预警防错和反馈机制。再如在进行整体规划或单一系统甚至单一模块设计时，必须遵守过程方法 PDCA（Plan、Do、Check、Act，计划、实施、检查、处理）原则，形成闭环控制。

三、设备联网系统是实现智能制造的重要手段

设备联网系统的核心指导思想是实现分布式控制，分为三个部分：设备联网通信、生产程序传输、数据采集与监控。

（一）设备联网通信

设备联网通信是设备联网控制的核心部分，通过设备网口或网络通信模块，对不同操作系统、不同性能的设备与服务器进行双向并发远程通信，以实现设备与服务器的数据通信。

（二）生产程序传输

在正常情况下，程序按照程序名放在不同的目录下，有时同一程序又往往存在不同的版本，这样查找所需的程序就较为困难，并且容易出现程序调用错误的情况。因此，联网系统必须做到能准确快速地调用相应生产程序，同时又要保证程序版本正确。

程序管理系统平台构架在客户端/服务器体系结构上，产品数据集中放置在服务器中以实现数据的集中和共享。程序管理系统包括产品结构树的管理、加工程序的流程管理、人员权限的管理、安全管理、版本管理、产品及设备管理。

（三）数据采集与监控

数据采集与监控模块负责设备实时信息的采集，包括远程监控设备状态（运行、空闲、故障、关机、维修等状态）、设备的运行参数（转速等），实时获知每台设备的当前加工产品状况、产品加工的工艺参数、工单信息等。

四、智能工厂是智能制造载体

智能工厂利用设备联网技术和监控预警手段增强信息的准确性及实时性，并提高生产服务质量；让制程按照设定的流程工艺运行，具有高度的可控性，减少人为干预；具有采集、分析、判断、规划、推理预测功能，通过生产仿真系统和可视化手段使制造情景实时呈现，并可以进行自行协调、自行优化；其形成是自下而上的过程，即人和智能设施、智能管理形成智能工序，多智能工序的集成形成智能产线，智能产线的集成形成智能车间，智能车间的集成形成智能工厂。

五、智能运营模式是智能制造成功与否的关键因素

通过标准化流程体系的建立和网状集成实现智能运营模式。

（一）管理标准化

很多企业甚至一些规模比较大的企业，从开厂之初就在建立标准化工作，现在还是在做基础管理，其中问题之一就是标准化工作未落到实处。建立标准化流程，进行纵深推进，使之嵌入自动化、信息化系统中，实现流程自动化，是智能制造实现的基础工作之一。

标准化的建设可以帮助我们理清思路和管理中千丝万缕的关系，指导日常的管理工作，使管理有序和效益最大化。标准化制定的前提是要守法遵章、有据可查，通过梳理现有流程、工艺、动作等进行查漏补缺，特别是对散乱、不协调的标准进行改善和精简。在标准化过程中还需要借鉴先进的管理思想，进行系统规划，以最少的标准覆盖全部业务。在标准化过程中，首先考虑管理的基本要素——人、机、料、法、环、管理、测量等；其次是任务流、数据流、物流、信息流和资金流；最后要全过程、全方位地通盘考虑，覆盖全员。在建设时每个层次必须建立标准化，共性的标准要指导底层个性化标准，并有制约和协调作用。在建设的过程中，除了借鉴先进的管理模式，还必须突出领导作用，对标准化工作进行系统管理，运用过程方法，明确关键控制点，在运行的过程中不断进行合格评定和持续改进。

（二）网状集成

实现端到端横向和纵向的网状集成是智能制造的基础。

1. 纵向集成

企业内部由于管理职能划分和组织的细化，导致信息系统围绕着不同的管理阶段和管理职能来展开，如采购系统、生产系统、销售系统和财务系统等，这些系统常常将一些完整的业务链划分成一个个管理单元。随着企业新部门的出现，其所应用的互联网技术也不同，开发队伍的经验、从事的服务范围限制、系统开发平台和工具的不统一，以及管理过程和管理系统的规范标准缺失，使各个信息系统之间的兼容性和集成性成为问题。一些"弊端"正迅速展露出来，其中重要的问题就是：不同的系统、应用、技术平台将企业陷在信息难以全面流通的"信息孤岛"之中，这些分散开发或引进的应用系统一般不会考虑统一数据标准或信息共享问题；企业由于追求"局部实用快上"导致"信息孤岛"不断产生，改变这种"信息孤岛"的局面面临很多困难，包括很多企业订单的处理、货物的运输调度、流水线生产的控制等。智能制造所要追求的就是在企业内部实现所有环节信息无缝连接，打破信息孤岛，这也是所有智能化的基础。如以产品模型为核心的垂直体系，应在企业内部建立有效的沟通渠道和统一的任务流、数据流、信息流、物流、资金流，进行全流程的信息贯通，将企业不同层面的 IT（Information Technology，信息技术）系统集成在一起，消除"信息孤岛"现象，其中包括工人与班组、班组与部门、部门内部、部门与部门、分厂和总厂、子公司和集团公司之间的集成等。通过建立信息共享平台，任何节点可在平台上进行交互，并使之可视可控。

　　2．横向集成

横向集成是以产品供应链为核心，通过价值链及信息网络进行资源整合，将企业内部和外部的 IT 系统进行无缝连接，建立社会化的分工协作，形成信息、物流、资源、数据协同体系，如企业内部的价值链重构、研发协同、供应链协同到不同企业间的价值链重构、研发协同、供应链协同，对资源、技术和信息进行合理化配置，实现包括内部的工程、计划、生产、供应链、销售及外部的市场、研发人员、供应商、外协商、经销商、终端客户等各个节点和角色之间的信息集成和共享。

六、智能制造的意义

大规模的生产模式在全球制造领域中曾长期占据统治地位，促进了全球经济的飞速发展。随着经济浪潮一次又一次的冲击，作为经济发展支柱的制造业也迎来了一次次生产方式的变革。

（一）智能制造是传统制造业转型发展的必然趋势

在经济全球化的推动下，发达国家最初是将制造企业的核心技术、核心部门留在本土，将其他非核心部分、劳动密集型产业向低劳动力和原材料成本的发展中国家和地区转移。

由于发展中国家具有相对较低的劳动力和原材料成本，发达国家便集中资源专注于对高新技术和产品的研发，从而推动了传统制造业向先进制造业的转变。但是，劳动力和原材料成本的逐年上涨，使传统制造业的压力逐渐增大。此外，人们越来越意识到传统制造业对自然环境、生态环境的损害。受到资源短缺、环境压力、产能过剩等因素的影响，传统制造业不能满足时代要求，纷纷向先进制造业转型升级。

随着世界经济和生产技术的迅猛发展，产品更新换代频繁，产品的生命周期大幅缩短，产品用户多样化、个性化、灵活化的消费需求也逐渐呈现出来。市场需求的不确定性越来越明显，竞争日趋激烈，这要求制造企业不仅要具有对产品更新换代快速响应的能力，还要能够满足用户个性化、定制化的需求，同时具备生产成本低、效率高、交货快的优势，而之前大规模的自动化生产方式已不能满足这种时代进步的需求。因此，全球兴起了新一轮的工业革命。生产方式上，制造过程呈现出数字化、网络化、智能化等特征；分工方式上，呈现出制造业服务化、专业化、一体化等特征；商业模式上，将从以制造企业为中心转向以产品用户为中心，体验和个性成为制造业竞争力的重要体现和利润的重要来源。

新的制造业模式利用先进制造技术与迅速发展的互联网、物联网等信息技术，计算机技术和通信技术的深度融合来助推新一轮的工业革命，从而催生了智能制造。智能制造已成为世界制造业发展的客观趋势，许多工业发达国家正在大力推广和应用。

（二）智能制造是实现我国制造业高端化的重要路径

虽然我国已经具备了成为世界制造大国的条件，但是制造业"大而不强"，面临着来自发达国家加速重振制造业与其他发展中国家以更低生产成本承接劳动密集型产业的"双重挤压"。在国际社会智能发展的大趋势下，国际化、工业化、信息化、市场化、智能化已成为我国制造业不可阻挡的发展方向。制造技术是任何高新技术的实现技术，只有通过制造业升级才能将潜在的生产力转化为现实生产力。在这样的背景下，我国必须加快推进信息技术与制造技术的深度融合，大力推进智能制造技术研发及其产业化水平，以应对传统低成本优势削弱所面临的挑战。此外，随着智能制造的水平的提高，我国还可以应用更节能环保的先进装备和智能优化技术，从根本上解决生产制造过程的节能减排问题。因此，发展智能制造既符合我国制造业发展的内在要求，也是重塑我国制造业新优势的必然选择，应该提升到国家发展目标的高度。

第二节　智能制造的内涵与特征

一、智能制造的内涵

智能制造是"中国制造2025"的主攻方向，是实现中国制造业由大到强的关键路径。智能制造具有三个基本属性：对制造过程信息流和物流的自动感知和分析、对制造过程信息流和物流的自主控制、对制造过程的自主优化运行。智能制造是一个大的系统工程，要从产品、生产、模式、基础四个维度系统推进。智能产品是主体，智能生产是主线，以用户为中心的产业模式变革是主题，信息物理系统和工业互联网是基础。

智能制造是在网络化、数字化、智能化的基础上融入人工智能和机器人技术形成的人、机、物之间交互与深度融合的新一代制造系统。机包括各类基础设施，物包括内部和外部物流。网络化指人、机、物之间的互联互通；数字化指包含了产品设计、工艺、制造、生产、服务整个产品生命周期管理过程的数字化研制体系；智能化指通过网络、大数据、物联网和人工智能等技术支持，自动地满足人、机、物的各种需求。智能制造不仅是生产制造的概念，还要向前延伸到个性设计、向后推移到服务保障、向上上升到管理模式。[①]

智能制造蕴含丰富的科学内涵（人工智能、生物智能、脑科学、认知科学、仿生学和材料科学等），是高新技术的制高点（物联网、智能软件、智能设计、智能控制、知识库、模型库等），汇聚了广泛的产业链和产业集群，是新一轮世界科技革命和产业革命的重要发展方向。

二、智能制造的特征

智能制造的特征包括：实时感知、自我学习、计算预测、分析决策、优化调整。

（一）实时感知

智能制造需要大量的数据支持，利用高效、标准的方法进行数据采集、存储、分析和传输，实时对工况进行自动识别和判断、自动感知和快速反应。

（二）自我学习

智能制造需要不同种类的知识，利用各种知识表示技术以及机器学习、数据挖掘与知识发现技术，实现面向产品全生命周期的海量异构信息的自动提炼，得到知识并升华为智能策略。

（三）计算预测

智能制造需要建模与计算平台的支持，利用基于智能计算的推理和预测，实现诸如故障诊断、生产调度、设备与过程控制等制造环节的表示与推理。

（四）分析决策

智能制造需要信息分析和判断决策的支持，利用基于智能机器和人的行为的决

---

① 宁振波．智能制造——从美、德制造业战略说起［J］．数控机床市场，2016（3）：18－23．

策工具和自动化系统，实现诸如加工制造、实时调度、机器人控制等制造环节的决策与控制。

（五）优化调整

智能制造需要在生产环节中不断优化调整，利用信息的交互和制造系统自身的柔性，实现对外界需求、产品自身环境、不可预见的故障等变化的及时优化调整。

第三节　智能制造关键技术

智能制造在制造业中的不断推进发展，对制造业中从事设计、生产、管理和服务的应用型专业人才提出了新的要求。他们必须掌握智能工厂制造运行管理等信息化软件，不但要会应用，还要能根据生产特征、产品特点进行一定的编程、优化。

智能制造要求在产品全生命周期的每个阶段实现高度的数字化、智能化和网络化，以实现产品数字化设计、智能装备的互联与数据的互通、人机的交互以及实时的判断与决策。工业软件的大量应用是实现智能制造的核心与基础，这些软件主要有计算机辅助设计（Computer Aided Design，CAD）、计算机辅助制造（Computer Aided Manufacturing，CAM）、计算机辅助工艺（Computer Aided Process Planning，CAPP）、企业资源计划（Enterprise Resource Planning，ERP）、制造执行系统（Manufacturing Execution System，MES）、产品生命周期管理（Product Lifecycle Management，PLM）等。

除工业软件外，工业电子技术、工业制造技术和新一代信息技术都是构建智能工厂、实现智能制造的基础。应用型专业人才在掌握传统学科专业知识与技术的同时，还必须熟练掌握及应用这几种智能制造关键技术，以适应未来智能制造岗位的需求。

工业电子技术集成了传感、计算和通信三大技术，解决了智能制造中的感知、大脑和神经系统问题，为智能工厂构建了一个智能化、网络化的信息物理系统。它包括现代传感技术、射频识别技术、制造物联技术、定时定位技术，以及广泛应用的可编程控制器、现场可编程门阵列技术和嵌入式技术等。[①]

工业制造技术是实现制造业快速、高效、高质量生产的关键。智能制造过程

---

① 吴国兴，范君艳，樊江玲，智能制造背景下应用型本科机械类专业人才培养［J］. 教育与职业，2017（16）：89－92.

中，以技术与服务创新为基础的高新化制造技术需要融入生产过程的各个环节，以实现生产过程的智能化，提高产品生产价值。工业制造技术主要包括高端数控加工技术、机器人技术、满足极限工作环境与特殊工作需求的智能材料生产技术、基于3D打印的智能成形技术等信息技术，主要解决制造过程中离散式分布的智能装备间的数据传输、挖掘、存储和安全等问题，是智能制造的基础与支撑。新一代信息技术包括人工智能、物联网、互联网、工业大数据、云计算、云存储、知识自动化、数字孪生技术及产品数字孪生体、数据融合技术等。

一、智能制造装备及其检测技术

在具体的实施过程中，智能生产、智能工厂、智能物流和智能服务是智能制造的四大主题，在智能工厂的建设方案中，智能装备是其技术基础，制造工艺与生产模式的不断变革对智能装备中测试仪器、仪表等检测设备的数字化、智能化提出新的需求，促进检测方式的根本变化。检测数据将是实现产品、设备、人和服务之间互联互通的核心基础之一，如机器视觉检测控制技术具有智能化程度高和环境适应性强等特点，在多种智能制造装备中得到了广泛的应用。

二、工业大数据

工业大数据是智能制造的关键技术，主要作用是打通物理世界和信息世界，推动生产型制造向服务型制造转型。

智能制造需要高性能的计算机和网络基础设施，传统的设备控制和信息处理方式已经不能满足需要。应用大数据分析系统，可以对生产过程数据进行分析处理。鉴于制造业已经进入大数据时代，智能制造还需要高性能计算机系统和相应网络设施。云计算系统提供计算资源专家库，通过现场数据采集系统和监控系统，将数据上传云端进行处理、存储和计算，计算后能够发出云指令，对现场设备进行控制（例如控制工业机器人）。

三、数字制造技术及柔性制造、虚拟仿真技术

数字化就是制造要有模型，还要能够仿真，包括产品的设计、产品管理、企业协同技术等。总而言之，数字化是智能制造的基础，离开了数字化就谈不上智能化。

柔性制造技术（Flexible Manufacturing Technology，FMT）是建立在数控设

备应用基础上并随着制造企业技术进步而不断发展的新兴技术，它和虚拟仿真技术一道在智能制造的实现中，扮演着重要的角色。虚拟仿真技术包括面向产品制造工艺和装备的仿真过程、面向产品本身的仿真和面向生产管理层面的仿真。只有从这三方面进行数字化制造，才能实现制造产业的彻底智能化。

增强现实技术（Augmented Reality，AR）是一种将真实世界信息和虚拟世界信息"无缝"集成的新技术，是把原本在现实世界的一定时间和空间范围内很难体验到的实体信息（视觉、声音、味道、触觉等信息）通过计算机等科学技术模拟仿真后再叠加，将虚拟的信息应用到真实世界，被人类感官所感知，使人获得超越现实的感官体验。真实的环境和虚拟的物体实时地叠加到了同一个画面或空间同时存在。增强现实技术不但展现了真实世界的信息，而且将虚拟的信息同时显示出来，两种信息相互补充、叠加。增强现实技术包括多媒体、三维建模、实时视频显示及控制、多传感器融合、实时跟踪及注册、场景融合等新技术与新手段。

四、传感器技术

智能制造与传感器紧密相关。现在各式各样的传感器在企业里用得很多，有嵌入的、绝对坐标的、相对坐标的、静止的和运动的，这些传感器是支持人们获得信息的重要手段。传感器用得越多，人们可以掌握的信息越多。传感器很小，可以灵活配置，改变起来也非常方便。传感器属于基础零部件的一部分，它是工业的基石、性能的关键和发展的瓶颈。传感器的智能化、无线化、微型化和集成化是未来智能制造技术发展的关键之一。

当前，大型生产企业工厂的检测点分布较多，大量数据产生后被自动收集处理。检测环境和处理过程的系统化提高了制造系统的效率，降低了成本。将无线传感器系统应用于生产过程中，将产品和生产设施转换为活性的系统组件，以便更好地控制生产和物流，它们形成了信息物理相互融合的网络体系。无线传感网络分布于多个空间，形成了无线通信计算机网络系统，主要包括物理感应、信息传递、计算定位三个方面，可对不同物体和环境做出物理反应，例如温度、压力、声音、振动和污染物等。无线数据库技术是无线传感器系统的关键技术，包括查询无线传感器网络、信息传递网络技术、多次跳跃路由协议等。

五、人工智能技术

人工智能（Artificial Intelligence，AI）是一门研究、开发用于模拟、延伸和扩展人的智能的理论、方法、技术及应用系统的新的技术科学。它企图了解智能的实质，并生产出一种新的能以人类智能相似的方式做出反应的智能机器，该领域的研究包括机器人、语言识别、图像识别、自然语言处理和专家系统、神经科学等。

第四节 智能制造技术体系

一、智能制造体系

智能制造是一种全新的智能能力和制造模式，核心在于实现机器智能和人工智能的协同，实现生产过程中自感知、自适应、自诊断、自决策、自修复等功能。从结构方面，智能工厂内部灵活且可重新组合的网络制造系统的纵向集成，将不同层面的自动化设备与IT（Information Technology，信息技术）系统集成在一起。

从系统层级方面，完整的智能制造系统主要包括五个层级：设备层、控制层、车间层、企业层和协同层。

在智能制造系统中，其控制层级与设备层级涉及大量测量仪器、数据采集等方面的需求，尤其是在进行车间内状态感知、智能决策的过程中，更需要实时、有效的检测设备作为辅助，所以智能检测技术是智能制造系统中不可缺少的关键技术，可以为上层的车间管理、企业管理与协同层级提供数据基础。

智能制造体系是管理综合体，实现了虚拟与现实、设备与设备、地域/组织与管理、作业与管理、信息化与自动化、产品与服务的融合。图1-1是智能制造体系实现的融合方向。

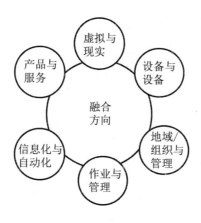

图1-1 智能制造体系实现的融合方向

（一）虚拟与现实的融合

实现物料工厂与制造平台、管理平台的集成：利用计算机技术，将物流、供应链、设计、工艺、制造、测试等通过虚拟环境与厂房、车间、设备、路线、用户环境等现实进行融合，使之相互作用、相互影响，展现执行需求条件、过程及结果，从而对制造管理提供前期的策略支持，提高对市场的反应能力，有效提升效率，降低生产成本。

实现客户需求、客户定制、产品设计、产品工艺、供应商协作、制造技术、测试技术、网络集成等跨平台系统之间的集成。

利用人体工程学、生物科学、多媒体技术、网络技术等在计算机中建立虚拟环境，借助于专业的设备使用户进入虚拟世界，感知、操作虚拟空间的各种对象，通过触觉、嗅觉、听觉、视觉等获得身临其境的产品体验。

通过对用户自身条件的 3D 扫描采集，生成设计、制造数据，让客户体验个性化定制服务，如服装行业、鞋业，可通过对人体的扫描实现个性化定制。

（二）设备与设备的融合

通过设备与控制器的组合，实现数据缓冲、差错控制、数据交互、设备状态标识与回报、接收和识别加工指令以及为数据采集提供识别地址等。

通过控制器与工业软件的集成，对设备、机群、流水线实现逻辑及顺序控制；对各种仪器仪表的模拟量进行过程控制及转换，实现对机器人、电梯、加工中心的运动控制；对设备的运行数据、工艺数据进行采集、分析、自动比对、处理，完成过程控制。设备与设备、人与设备、移动网络与设备之间通过通信连接的技术和手段，使设备互联互通、互相制约，使人、设备、系统协同作业，实现流程自动化。[①]

（三）地域/组织与管理的融合

通过岗位与岗位之间的互联互通，进行互锁反应，防止异常的发生，如在生产中上一岗位对下一岗位信息的精确推送和生产跳序的防错预警；通过产线与产线的集成，可随时掌握产线与其相关联产线的生产状况，对异常的发生可实时进行监控预警，出现异常能第一时间发现，提前采取防范措施，避免因频繁调度、换线等异常导致工时、人力、设备能力的浪费；通过车间与车间的集成，实现车间之间的信息共享，建立规范、健康的内部生产运作；通过部门与部门之间的集成和信息共

---

① 胡成飞，姜勇，张旋. 智能制造体系构建面向中国制造 2025 的实施路线［M］. 北京：机械工业出版社，2017.

享、快速判断、通知、响应、处理生产异常事件。中高层主管可以实时了解生产状况、异常处理状态，必要时可进行协助处理，可以随时随地了解运营状况，并及时调整制造策略；总部可以实时了解各个分公司的运营状况，根据实时监控的运营状况，进行远程指令的发送及指令执行反馈与监控，并进行策略的调整，也可以远程对设备进行控制及诊断。通过地域/组织与管理的融合，建立数据共享平台，大幅提升工作效率，有效降低了成本。

（四）作业与管理的融合

资源计划、生产计划、供应体系、制造体系的融合，有利于企业根据客户需求、供应体系供应能力、公司能力对资源计划、客户需求及预测进行综合评估，寻找最优制造模型，如最低的库存、最优效率、最短交期、最低成本等。

研发体系提供研发技术，制造体系完成产品，同时制造体系的生产数据、工艺参数、设备运行参数、质量数据，客服部门的客户体验、客户应用、客户投诉、客户退货，供应商提供的零组件的性能参数等数据，为研发体系、制造体系、服务体系提供改善的基础数据，使管理与数据相辅相成，互为补充。

在生产执行过程中，生产计划的制订需要大量的实时信息，包括客户订单、客户交期、物料需求、库存状况、采购状态、来料收货状况、生产进度、质量状况、设备状况、人员状况、事件信息及处理进度等。实施计划作业必须与执行状况无缝融合，避免信息不透明，造成计划作业困扰。

实时了解供应体系的状况，如供应商库存、生产计划、生产订单执行状况、物流状况等，对供应进行管理，避免断料等异常。

服务体系所收集的服务信息，如客户的抱怨、投诉、退货、应用体验、评价等，能为产品升级、产品生产提供改善依据。

智能制造体系运作产生大量精细化成本数据，通过对其分析，对财务目标、财务预算等进行实时的监控预计，为企业运营策略改善提供依据。

（五）信息化与自动化的融合

智能制造体系需实现系统之间的融合（自动化与信息化），实现执行层与运营层、运营层与决策层的信息化软件系统融合。

通过自动化的应用，提升操作安全性，降低劳动强度，提升效率，减少人为差错，降低企业用工成本；信息化的应用使数据可以共享，提升管理效率和透明度，降低管理人员劳动强度，改善制造组织架构。自动化是信息化的基础，信息化是自动化的目标，通过二者的融合，将设备层与执行层、运营层、决策层进行无缝对接，使企业资源管理更加高效，使动态过程变得更加透明、可控，提升了企业管理水平，增强了企业竞争力。

（六）产品与服务的融合

产品与服务的融合主要体现在以下方面。

（1）以外部协作商产品为主，服务客户。设备厂家对设备远程监控，通过监控获得设备的运行参数，对参数进行分析，以更专业的角度提供设备运营管理建议，同时也为设备的升级提供参考。如供应商、外协商为客户提供实时库存数据、外协商加工与库存数据信息，使客户供应体系更加透明。

（2）以企业产品为主，服务外部客户。以企业产品为主，建立完善的客户服务体系，如产品的上下游协作研发、产品应用生命周期的指导及跟踪、客户对产品的投诉及退货、未来产品的研发与服务等。比如新能源汽车电池未来的服务模式不单是提供产品，在产品应用时还通过通信技术手段，实现对电池充电次数记录、充电的安全环境检测、应用里程预计、电池寿命检测、保养周期提醒等功能。

（3）以企业内部产品制造为主，服务内部客户。以产品的制造工艺为主线，建立企业内部制造管理体系。

二、智能制造系统框图

智能制造通过智能制造系统应用于智能制造领域，在"互联网＋人工智能"的背景下，智能制造系统具有自主智能感知、互联互通、协作、学习、分析、认知、决策、控制和执行整个系统以及生命周期中人、机器、材料、环境和信息的特点。智能制造系统一般包括资源及能力层、泛在网络层、服务平台层、智能云服务应用层及安全管理和标准规范系统。

（一）资源及能力层

资源及能力层包括制造资源和制造能力，其中，制造资源又包括硬制造资源和软制造资源。

（1）硬制造资源，如机床、机器人、加工中心、计算机设备、仿真测试设备、材料和能源。

（2）软制造资源，如模型、数据、软件、信息和知识。

（3）制造能力，包括展示、设计、仿真、实验、管理、销售、运营、维护、制造过程集成及新的数字化、网络化、智能化制造互联产品。

(二) 泛在网络层

泛在网络层包括物理网络层、虚拟网络层、业务安排层和智能感知及接入层。

(1) 物理网络层。物理网络层主要包括光宽带、可编程交换机、无线基站、通信卫星、地面基站、飞机、船舶等。

(2) 虚拟网络层。通过南向和北向接口实现开放网络，用于拓扑管理、主机管理、设备管理、消息接收和传输、服务质量管理和IP（Internet Protocol，网际互连协议）管理。

(3) 业务安排层。以软件的形式提供网络功能，通过软硬件解耦合功能抽象，实现新业务的快速开发和部署，提供虚拟路由器、虚拟防火墙、虚拟广域网、优化控制、流量监控、有效负载均衡等。

(4) 智能感知及接入层。通过射频识别传感器，无线传感器网络，声音、光和电子传感器及设备，条码及二维码，雷达等智能传感单元以及网络传输数据和指令来感知诸如企业、工业、人、机器和材料等对象。

(三) 服务平台层

服务平台层包括虚拟智能资源及能力层、核心智能支持功能层和智能用户界面层。

(1) 虚拟智能资源及能力层。提供制造资源及能力的智能描述和虚拟设置，把物理资源及能力映射到逻辑智能资源及能力上以形成虚拟智能资源及能力层。

(2) 核心智能支持功能层。由一个基本的公共云平台和智能制造平台分别提供基础中介软件功能，如智能系统建设管理、智能系统运行管理、智能系统服务评估、人工智能引擎和智能制造功能（如群体智能设计、大数据和基于知识的智能设计、智能人机混合生产、虚拟现实结合智能实验）、自主管理智能化、智能保障在线服务远程支持。

(3) 智能用户界面层。广泛支持用于服务提供商、运营商和用户的智能终端交互设备，以实现定制的用户环境。

(四) 智能云服务应用层

智能云服务应用层突出了人与组织的作用，包括四种应用模式：单租户单阶段应用模式、多租户单阶段应用模式、多租户跨阶段协作应用模式和多租户点播以获取制造能力模式。在智能制造系统的应用中，它还支持人、计算机、材料、环境和信息的自主智能感知、互联、协作、学习、分析、预测、决策、控制和执行。

(五) 安全管理和标准规范

安全管理和标准规范包括自主可控的安全防护系统，以确保用户识别、资源访问与智能制造系统的数据安全，标准规范的智能化技术及对平台的访问、监督、评估。

显然，智能制造系统是一种基于泛在网络及其组合的智能制造网络化服务系统，它集成了人、机、物、环境、信息，随时随地为智能制造和随需应变服务提供资源和能力。它是基于"互联网（云）加上用于智能制造的资源和能力"的网络化智能制造系统，集成了人、机器和商品。

（1）第一个层次是支撑智能制造、亟待解决的通用标准与技术。

（2）第二个层次是智能制造装备。这一层的重点不在于装备本体，而更应强调装备的统一数据格式与接口。

（3）第三个层次是智能工厂、车间。按照自动化与 IT 技术作用范围，划分为工业控制和生产经营管理两部分。工业控制包括 DCS（Distributed Control System，分散控制系统）、PLC（Programmable Logic Controller，可编程逻辑控制器）、FCS（Fieldbus Contorl Syestem，现场总线控制系统）和 SCADA（Supervisory Control And Data Acquisition，数据采集与监视控制）系统等工控系统，在各种工业通信协议、设备行规和应用行规的基础上，实现设备及系统的兼容与集成。生产经营管理在 MES 和 ERP 的基础上，将各种数据和资源融入全生命周期管理，同时实现节能与工艺优化。

（4）第四个层次实现制造新模式，通过云计算、大数据和电子商务等互联网技术，实现离散型智能制造、流程型智能制造、个性化定制、网络协同制造与远程运维服务等制造新模式。

（5）第五个层次是上述层次技术内容在典型离散制造业和流程工业的实现与应用。

三、智能制造涉及的主要技术

智能制造主要由通用技术、智能制造平台技术、泛在网络技术、产品生命周期智能制造技术及支撑技术组成。

(一) 通用技术

通用技术主要包括智能制造体系结构技术、软件定义网络系统体系结构技术、空地系统体系结构技术、智能制造服务的业务模型、企业建模与仿真技术、系统开发与应用技术、智能制造安全技术、智能制造评价技术、智能制造标准化技术。

(二) 智能制造平台技术

智能制造平台技术主要包括面向智能制造的大数据网络互联技术，智能资源及能力传感和物联网技术，智能资源及虚拟能力和服务技术，智能服务、环境建设、管理、操作、评价技术，智能知识、模型、大数据管理、分析与挖掘技术，智能人机交互技术及群体智能设计技术，基于大数据和知识的智能设计技术，智能人机混合生产技术，虚拟现实结合智能实验技术，自主决策智能管理技术和在线远程支持服务的智能保障技术。

(三) 泛在网络技术

泛在网络技术主要由集成融合网络技术和空间空地网络技术组成。

(四) 产品生命周期智能制造技术

智能制造技术产品生命周期智能制造技术主要由智能云创新设计技术、智能云产品、设计技术、智能云生产设备技术、智能云操作与管理技术、智能云仿真与实验技术、智能云服务保障技术组成。

(五) 支撑技术

支撑技术主要包括 AI 2.0 技术、信息通信技术（如基于大数据的技术、云计算技术、建模与仿真技术）、新型制造技术（如 3D 打印技术、电化学加工等）、制造应用领域的专业技术（航空、航天、造船、汽车等行业的专业技术）。

四、智能制造的技术体系

智能制造技术体系的总体框架如图 1－2 所示，智能制造基础关键技术为智能制造系统的建设提供支撑，智能制造系统是智能制造技术的载体，它包括智能产品、智能制造过程和智能制造模式三部分内容。

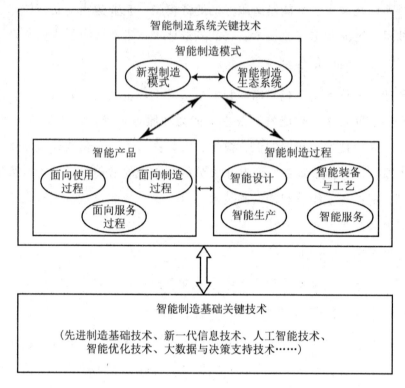

图 1—2　智能制造技术体系的总体框架

智能制造的技术体系主要包括制造智能技术、智能制造装备、智能制造系统、智能制造服务、智能制造工厂。

（一）制造智能技术

制造智能技术主要包括智能感知与测控网络技术、知识工程技术、计算智能技术、大数据处理与分析技术、智能控制技术、智能协同技术、人机交互技术等。工业互联网、大数据和云计算技术为制造智能的实现提供了一个动态交互、协同操作、异构集成的分布计算平台。智能感知、工业互联网与人机交互是智能制造的基石；大数据和知识是智能制造的核心；推理是智能制造的灵魂，是系统智慧的直接体现。[①]

制造智能的关键技术主要有：

（1）感知、物联网与工业互联网技术。

（2）大数据、云计算与制造知识发现技术。

（3）面向制造大数据的综合推理技术。

---

① 邓朝晖，万林林，邓辉，等. 智能制造技术基础［M］. 武汉：华中科技大学出版社，2017.

（4）图形化建模、规划、编程与仿真技术。

（5）新一代人机交互技术。

（二）智能制造装备

与智能制造装备相关的关键技术主要有：

（1）装备运行状态和环境的感知与识别技术。

（2）基于大数据的性能预测和主动维护技术。

（3）大数据多条件约束下的精确工艺规划与自动编程技术。

（4）智能数控系统技术与智能伺服驱动技术。

（5）基于工业大数据的智能制造装备共性技术。

（6）智能装备嵌入式系统、智能装备控制系统、智能装备人机交互系统、智能增材制造装备、智能工业机器人、其他智能装备共六项智能装备相关标准的建立。

（三）智能制造系统

智能制造系统是一种由智能机器和人类专家共同组成的人机一体化智能系统，它在制造过程中能进行诸如分析、推理、判断、构思和决策等智能活动。通过人与智能机器的合作共事，扩大、延伸和部分地取代人类专家在制造过程中的脑力劳动。智能制造系统包括大批量定制智能制造系统、精密超精密电子制造系统、绿色智能连续制造关键技术与系统、无人化智能制造系统。

智能制造系统的关键技术有：

（1）制造系统建模与自组织技术。

（2）智能制造执行系统技术。

（3）智能企业管控技术。

（4）智能供应链管理技术。

（5）智能控制技术。

（6）信息物理融合技术。

（四）智能制造服务

制造服务包含产品服务和生产性服务。前者指制造企业对产品售前、售中及售后的安装调试、维护、维修、回收、再制造、客户关系的服务，强调产品与服务相结合；后者指与企业生产相关的技术服务、信息服务、物流服务、管理咨询、商务服务、金融保险服务、人力资源与人才培训服务等，为企业非核心业务提供外包服务。智能制造服务采用智能技术、新兴信息技术（物联网、社交网络、云计算、大数据技术等）提高服务状态/环境感知，以及服务规划、决策和控制水平，提升服务质量，扩展服务内容，促进现代制造服务业这一新的产业业态的不断发展和壮大。

智能制造服务发展表现为：重大装备远程可视化智能服务平台、生产性服务智能运控平台、智能云制造服务平台、面向中小企业的公有云制造服务平台、社群化制造服务平台具有较大的市场需求。

制造智能服务的关键技术有：

（1）服务状态/环境感知与控制的互联技术。

（2）工业产品智能服务技术。

（3）生产性服务过程的智能运行与控制技术。

（4）虚拟化云制造服务综合管控技术。

（5）海量社会化服务资源的组织与配置技术。

（五）智能制造工厂

智能制造工厂将智能设备与信息技术在工厂层级完美融合，涵盖企业的生产、质量、物流等环节，是智能制造的典型代表，主要解决工厂、车间和生产线以及产品的设计到制造实现的转化过程。智能工厂发展模式有：复杂产品研发制造一体化智能工厂、精密产品生产管控智能化工厂、包装生产机器人化智能工厂和家电产品个性化定制智能工厂。

智能工厂关键技术有：

（1）基于工业互联网的制造资源互联技术。

（2）智能工厂制造大数据集成管理技术。

（3）面向业务应用的制造大数据分析技术。

（4）大数据驱动的制造过程动态优化技术。

（5）制造云服务敏捷配置技术。

第二章 机械制造基础知识

第一节 机械制造技术

一、制造与制造系统

(一) 制造

制造是人类按照市场需求，运用主观掌握的知识和技能，借助于手工或可利用的客观物质工具，利用有效的工艺方法和必要的能源，将原材料转化为最终物质产品并投放市场的全过程。

狭义的"制造"一般是指产品的制造过程，凡是投入一定的原材料，使原材料在物理性质和化学性质上发生变化而转化为产品的过程，无论其生产过程是连续型的还是离散型的，都称为制造过程。它包括毛坯制造、零件加工、检验与装配、包装与运输等，主要考虑的是制造企业内部的物质流。

广义的"制造"包含产品的全生命周期过程，国际生产工程学会（CIRP）给出的"制造"的定义是：制造是涉及制造工业中产品设计、物料选择、生产计划、生产过程、质量保证、经营管理、市场销售和服务的一系列相关活动和工作的总称。它包括市场分析、经营决策、设计与加工装配、质量控制、销售、运输、售后服务及报废回收等过程，必须同时考虑物质流与信息流两个方面。

随着人类生产力的发展，"制造"的概念和内涵在范围和过程两个方面将进一步拓展。

(二) 制造系统

制造系统是指由制造过程（产品的经营规划、开发研制、加工制造和控制管理等）及其所涉及的硬件（生产设备、工具等）、软件（制造理论、制造工艺和方法及各种制造信息等）和人员组成的一个将制造资源（生产设备、工具、材料、能源、资金、技术、信息和人力等）转变为产品（含半成品）的有机整体。制造系统实际上就是一个工厂（企业）所包含的生产资源和组织机构，而通常意义所指的制造系统仅是一种加工系统，是制造系统的一个组成部分，如柔性制造系统。

国际生产工程学会给"制造系统"下的定义：制造系统是制造业中形成制造生产（简称生产）的有机整体。在机电工程产业中，制造系统具有设计、生产、发运和销售的一体化功能。

机械制造系统是一个典型的、具体的制造系统。机械制造过程是一个资源向产品或零件的转变过程。这个过程是不连续（离散）的，其系统状态是动态的，故机械制造系统是离散的动态系统。

机械加工系统是由机床、夹具、刀具、工件、操作人员和加工工艺等组成的。机械加工系统输入的是制造资源（毛坯或半成品、能源和劳动力），经过机械加工过程制成成品或零件输出。

机械加工系统在运行过程中，总是伴随着物料流、信息流和能量流的运动，这三者之间相互联系、相互影响，是一个不可分割的有机整体。

1. 物料流（物流）

机械加工系统输入的是原材料或坯料、半成品及相应的刀具、量具、夹具、润滑油、切削液和其他辅助物料等，经过输送、装夹、加工检验等过程，最后输出半成品或成品（伴随切屑的输出）。整个加工过程（包括加工准备）是物料输入和输出的动态过程，这种物料在机械加工系统中的运动称为物料流。

2. 信息流

机械加工系统必须集成各个方面的信息，以保证机械加工过程的正常进行。这些信息主要包括加工任务、加工工序、加工方法、刀具状态、工件要求、质量指标和切削参数等，分为静态信息（工件尺寸要求、公差大小等）和动态信息（刀具磨损、机床故障状态等）。所有这些信息构成了机械加工过程的信息系统。这个系统不断地和机械加工过程的各种状态进行信息交换，有效地控制机械加工过程，以保证机械加工的效率和产品质量。这种信息在机械加工系统中的作用过程称为信息流。

3. 能量流

机械加工系统是一个动态系统，其动态过程是机械加工过程中的各种运动过程。这个运动过程中的所有运动，特别是物料的运动，均需能量来维持。来自机械加工系统外部的能量（一般为电能）多数转变为机械能，一部分机械能用以维持系统中的各种运动，另一部分通过传递、损耗而到达机械加工的切削区域，转变为分离金属的动能和势能。这种在机械加工过程中的能量运动称为能量流。

二、制造技术

(一) 制造技术概念

制造技术是完成制造过程所使用的一切生产技术的总称，是将原材料和其他生产要素经济合理地转化为可直接使用的具有高附加值的成品（半成品）和技术服务的技术群，是制造企业的技术支柱和持续发展的根本动力。

制造技术也有广义与狭义之分。广义制造技术涉及制造活动的各个方面及其全过程，是从概念产品到最终产品的集成活动与系统工程，是一个功能体系和信息处理系统；而狭义制造技术则是指机械加工与装配工艺技术。

制造技术的发展是由社会、政治、经济等多方面因素决定的，但最主要的因素是科学技术的推动和市场的牵引。科学技术的每次重大进展都推动了制造技术的发展，人类需求的不断增长和变化也促进了制造技术的不断进步。20 世纪 80 年代以来，随着社会需求个性化、多样化的发展，生产类型沿"小批量—大批量—多品种变批量"的方向发展，以及以计算机为代表的高技术和现代化管理技术的引入、渗透与融合，不断地改变着传统制造技术（以机械—电力技术为核心的各类技术相互联结和依存的制造工业技术体系）的面貌和内涵，从而形成了先进制造技术。

(二) 机械制造技术

机械制造技术即机械产品制造过程中所需要的一切手段的总和，是实现机械制造过程的最基本环节。机械加工中，材料的质量和性能通过制造技术的实施而发生变化，从原材料或毛坯制造成零件的过程中，质量的变化可分为质量不变、质量减少和质量累加三种类型，不同类型采用不同的工艺方法。与此相对应，机械加工方法分为材料成形法、材料去除法和材料累加法三种。

1. 材料成形法（质量不变）

材料成形法是将原材料转化成各种形状与尺寸的零件加工方法。在成形前后，材料主要是形状发生变化，而质量基本不变。该工艺以热加工形式为主，主要用来制造毛坯或形状复杂、精度要求不高的零件，制造精度要求较高的零件则采用精密成形工艺。

材料成形工艺的特点是材料利用率高，但产生变形的能量消耗较大。典型的工艺方法有铸造、锻造、挤压、冲压、注塑、吹塑、粉末冶金和连接成形（焊接、黏结、卷边接合、铆接）等。

粉末冶金是用金属粉末或金属与非金属粉末的混合物作为原料，经压制、烧结以及后处理等工序，制造某些金属制品或金属材料的方法。由于粉末冶金可直接制造出尺寸准确、表面光洁的零件，且材料利用率高，减少了切削加工量，显著降低了制造成本，因而在机械制造业中获得日益广泛的应用。但粉末冶金工艺成形的产品结构形状有一定的限制，塑性、韧性较差，粉末原材料价格较高，一般只适用于成批或大量生产。

2. 材料去除法（质量减少）

材料去除法是采用在原材料上通过不同工艺方法去除一部分多余材料，达到设计要求的形状、尺寸和公差的零件加工方法。在制造过程中，材料的质量逐渐减少。该工艺主要用来提高零件的加工精度和表面加工质量。

材料去除工艺的特点是无功资源消耗多（大部分能量消耗在去除材料上）、加工周期长、材料浪费严重，但目前仍是保证零件设计要求的一种最经济的工艺方法，在机械制造业中占有重要的地位。

材料去除法主要分为传统的切削加工和特种加工。切削加工是在机床上通过刀具和工件之间的相对运动及相互力的作用实现的。切削过程中，所具有的力、热、变形、振动、磨损等问题决定了零件最终获得的几何形状及表面质量。切削加工的方法很多，常见的有车削、铣削、刨削、磨削、钻削、拉削等。特种加工是不同于传统的切削加工，它是利用电能、化学能、光能、声能、热能及机械能等能量对材料进行加工的工艺方法。在特种加工过程中，刀具与工件基本不接触，不存在切削力和工件材料性能对加工的影响，因此又称为无切削力加工。

特种加工能解决普通机械加工方法无法解决或难以解决的问题，如具有高硬度、高强度、高脆性或高熔点的各种难加工材料（硬质合金、钛合金、淬火工具钢、耐热钢、不锈钢、陶瓷、金刚石、宝石、石英、玻璃、硅等）零件的加工，具有较低刚度或复杂曲面形状的特殊零件（薄壁件、弹性元件、复杂曲面形状的模具内腔、叶轮机械的叶片、喷丝头、各种冲模及冷拔模上的型孔、整体涡轮等）的加工，各种超精、光整或具有特殊要求的零件（航空陀螺仪、伺服阀等）的加工等。特种加工在现代制造技术中占有越来越重要的地位，并在现代制造、科学研究和国防工业中获得了日益广泛的应用。

特种加工一般按能量来源和作用形式以及加工原理来分类，主要包括电火花加工、电火花线切割加工、化学加工、电化学加工、电化学机械加工、电接触加工、激光束加工、超声波加工、电子束加工、离子束加工、等离子体加工、电液加工、磨料流加工、磨料喷射加工、液体喷射加工及各类复合加工等。

3. 材料累加法（质量累加）

材料累加法是 20 世纪 80 年代发展起来的一种工艺新技术，它充分利用计算机数据模型和自动成形系统，采用材料累加的方法分层制造零件。在制造过程中，材料的质量逐渐增加。该工艺可制造各种形状复杂的零件，制造周期短，材料利用率高，在制造过程中不产生力，能量消耗较低。材料累加法的典型工艺是目前正在迅速发展的快速原型制造技术。

快速原型制造技术突破了传统的加工模式，被认为是近几十年制造技术领域的一次重大突破，它综合了机械工程、数控技术、CAD 与 CAM 技术、激光技术以及新型材料技术等，可以自动迅速地把设计思想物化为具有一定结构和功能的原型或直接制造零件，可以对产品设计进行快速评价、修改，以响应市场需求，提高企业的竞争能力。快速原型制造技术对于制造企业的模型、原型及成形件的制造方式正产生着深远影响。

快速原型制造技术的基本原理是直接根据产品 CAD 的三维实体模型数据，经计算机数据处理后，将三维实体数据模型转化为许多二维平面模型的叠加，再通过计算机控制、制造一系列的二维平面模型，并顺次将其联结，形成复杂的三维实体零件。目前，快速原型制造技术主要有激光立体光刻法、选择性激光烧结法、分层实体制造法和熔融沉积造型法等。

3D 打印是快速原型制造技术的一种，它是一种以数字模型文件为基础，运用粉末状金属或塑料等材料，通过逐层打印的方式来构造物体的技术，可极大地缩短产品的研制周期、提高生产率和降低生产成本。

3D 打印技术出现在 20 世纪 90 年代中期，实际上是利用光固化和纸层叠等技术的最新快速成形技术。它与普通打印工作原理基本相同，打印机内装有液体或粉末等"打印材料"，与电脑连接后，通过电脑控制把"打印材料"一层层叠加起来，最终把计算机上的蓝图变成实物。3D 打印技术中存在着许多不同的技术，它们的不同之处在于可用的材料方式，并以不同层构建部件。3D 打印常用材料有尼龙玻璃纤维、耐用性尼龙材料、石膏材料、铝材料、钛合金、不锈钢、镀银、镀金、橡胶类材料。目前，3D 打印技术已应用在珠宝、鞋类、工业设计、建筑、工程和施工、汽车、航空航天、牙科和医疗产业、教育、地理信息系统、土木工程、枪支、艺术、娱乐及其他领域。

（三）制造技术的创新

1. 可持续发展是制造技术创新的动力与空间

可持续发展是指社会、经济、人口、资源、环境的协调发展和人的全面发展。人的繁衍、物质的生产、自然界对于人类生活资源和生产资源的产出三方面构成了一个综合系统，任何一方都有可能危害世界的持续和发展。

现代工业的生产模式是不符合可持续发展的，主要表现为：环境意识淡薄，"先污染，后治理"；回收、再生意识差；重视降低成本，不重视产品的耐用性和易于修理性，高度享受是以高资源消耗为代价的；环境立法、企业文化、环境生态系统教育不够。这些所形成的生产模式很难做到持续发展的，从而迫使人们必须摆脱传统的制造模式，开拓新型的可持续发展的制造模式。

可持续发展为制造技术提供了创新的空间，是促进制造技术创新的动力。发展可持续制造技术必须探讨符合可持续发展的、新型的制造技术，而且要从基础理论和工艺技术两方面进行突破性研究，如工业生态学、生态型制造技术、干式切削与磨削技术、延长产品生命周期的设计制造技术、生长型制造的实用化技术、以人为中心协调环境与文化要求的文化主导型制造技术等。

可持续发展的生产模式正在推动新一轮的技术创新；由资源型的发展模式逐步变为技术型的发展模式，变为经济、社会、资源与环境相协调的新发展模式；由物质短缺的社会所具有的大量生产模式转化为物质丰富的社会所应有的一种新生产模式——循环制造模式。

2. 知识化是制造技术创新的资源

随着产品市场国际化的激烈竞争，产品的功能日趋集成化和复合化，开发新产品所需的知识越来越多，尤其是高新知识。可以说，技术的产品和工艺创新完全依赖于科学知识、工程技术知识、管理知识和经济知识的积累与综合。而科学知识和工程技术知识是制造技术创新的基础。

创新所需的知识可划分为主导知识和辅助知识。对于制造技术创新而言，主导知识是有关制造本身的机理、规律、技术、技能、装置及系统等方面的知识，有量化的知识，更有非量化的知识，如经验等。主导知识是一种动态的知识，会随着科学技术的进步而不断更新。辅助知识的知识面很广，如计算机、信息论、生态学、管理科学等，是为主导知识服务的，促进主导知识的现代化，共同成为创新的资源。只有把握主导知识，掌握所需的辅助知识，创新成果才可能有应用前景。

3. 数字化是制造技术创新的手段

面对21世纪的制造技术创新，数字化是主要手段。继计算几何、计算力学问世之后，计算切削工艺学、计算制造、数字化制造、新型材料零件数字化设计与制造等陆续被提出，更加明显地看出数字化是技术创新的主要手段。

计算机网络为数字化信息的传递以及实现"光速贸易"提供了技术手段，同时也为实现全球化制造、基于网络的制造提供了物理保证，是实现数字化制造的重要途径。这不仅有利于参与市场竞争，也有利于促进设备资源的共享，更有利于快速获得制造技术信息，激发创新灵感。

4．可视化是制造技术创新的虚拟检验

虚拟现实（Virtual Reality，VR）技术的飞速发展为实用性技术的创新提供了虚拟原型和技术的虚拟检验。虚拟现实技术提供的可视化，不只是一般几何形体的空间显示，它可以对噪声、温变、力变、磨损、振动等进行可视化，还可以把人的创新思维表述为可视化的虚拟实体，促进创造灵感的进一步升华。

第二节　机械加工工艺

一、生产类型及其工艺特征

在机械制造过程中，由于产品的类型不同，产品的结构、尺寸、技术要求不同，市场对其需求也是多种多样的，因此每种产品的年生产纲领（年产量）是不同的。

生产类型的划分依据是产品（或零件）的年生产纲领。产品（或零件）的年生产纲领是指包括备品和废品在内的该产品（或零件）的年生产量。产品（或零件）的年生产纲领对制造过程中的生产管理形式、所用的机床设备、工艺装备及加工方法都有很大的影响。

（一）单件生产

产品的种类很多，同一种产品的数量不多（仅制造一个或少数几个），很少再重复生产。如制造大、重型机械产品或新产品试制等都属于单件生产。

（二）成批生产

产品的种类较多，每种产品均有一定的数量，各种产品是分期分批地轮番进行生产。如机床制造、机车制造和电机制造等多属于成批生产。

（三）大量生产

产品的品种较少，产量很大，同一工作地长期重复地进行某一零件的某一工序的生产。如汽车、拖拉机、轴承和自行车等的制造多属于大量生产。

同一产品（或零件）每批投入生产的数量称为批量。根据产品的特征和批量的大小，成批生产可分为小批生产、中批生产和大批生产。小批生产接近单件生产，大批生产接近大量生产，中批生产介于单件生产和大量生产之间。

各种生产类型的工艺特征见表2—1。

表 2－1　各种生产类型的工艺特征

工艺特征	生产类型		
	单件生产	成批生产	大量生产
生产对象	品种很多、数量少	品种较多、数量较多	品种较少、数量很多
零件的互换性	配对制造，无互换性，广泛采用钳工修配	大部分具有互换性，少数用钳工修配	全部具有互换性，某些高精度配合件用分组选择法装配
毛坯的制造方法及加工余量	铸件用木模手工制造；锻件用自由锻。毛坯精度低，加工余量大	部分铸件用金属模；部分铸件用模锻。毛坯精度中等，加工余量中等	用高生产率的毛坯制造方法。铸件广泛采用金属模机器造型，锻件用模锻，毛坯精度高，加工余量小
机床设备	通用机床或数控机床、加工中心机床按类别和规格大小采用"机群式"排列布置	通用机床和部分高生产率机床兼用，数控机床、加工中心、柔性制造单元、柔性制造系统机床按加工类别分工段排列布置	高生产率的专用机床、组合机床、自动机床、数控机床或专用生产线、自动生产线、柔性制造生产线机床设备按流水线或自动线形式排列
夹具	多用标准通用夹具，很少采用专用夹具，靠划线及试切法达到尺寸精度	广泛采用夹具或组合夹具，部分靠划线法达到加工精度	广泛采用高生产率专用夹具，靠夹具及调整法达到加工精度
刀具与量具	采用通用刀具与万能量具	较多采用专用刀具及专用量具或三坐标测量机	广泛采用高生产率的专用刀具和量具，或采用统计分析法保证质量
对工人的要求	需要技术精湛的工人	需要技术熟练的工人	对操作工人的技术要求较低，对调整工人的技术要求较高
工艺文件	只有工艺过程卡片	有工艺过程卡片，重要工序有工序卡片	有详细的工艺文件
发展趋势	箱体类复杂零件采用加工中心加工	采用成组技术、数控机床、柔性制造技术等加工	在计算机控制的自动化制造系统中加工，实现在线故障、自动报警和加工误差自动补偿

由表 2－1 可知，不同的生产类型具有不同的工艺特征。在制定零件机械加工工艺规程时，必须首先确定生产类型。一般生产同一产品，大量生产要比成批生产、单件生产的生产效率高、成本低、性能稳定、质量可靠。因此，产品结构的标准化、系列化就显得十分重要。推行成组技术、组织成组加工及区域性专业化生

产，可使大批量生产中被广泛采用的高效率加工方法和设备应用到中小批量生产中。

二、生产过程与工艺过程

机械产品制造时，将原材料转变为成品的全部过程称为生产过程。对机器生产而言包括原材料的运输和保存、生产的准备、毛坯的制造、零件的加工和热处理、产品的装配及调试、油漆、包装等内容。生产过程的内容十分广泛，现代企业用系统工程学的原理和方法组织生产和指导生产，将生产过程看作一个具有输入和输出的生产系统。

在生产过程中，直接改变原材料（或毛坯）形状、尺寸、位置和性能，使之变为成品或半成品的过程，称为工艺过程，它是生产过程的主要部分。工艺过程又可分为铸造、锻造、冲压、焊接、热处理、机械加工、装配等类别。机械制造工艺过程一般是指零件的机械加工工艺过程和机器的装配工艺过程的总和，其他过程则称为辅助过程，例如检验、清洗、包装、转运、保管、动力供应、设备维护等。用切削的方法逐步改变毛坯或半成品的形状、尺寸和表面质量，使之成为合格的零件所进行的工艺过程，称为机械加工工艺过程。在机械制造业中，机械加工工艺过程是最主要的工艺过程。

三、机械加工工艺过程组成

机械制造工艺过程是由一系列按顺序排列的工序组成的，毛坯依次按照这些工序内容要求进行生产加工而成为成品。工序可分为工艺过程工序和辅助过程工序。工艺过程工序主要包括铸造工序、锻造工序、冲压工序、焊接工序、热处理工序、机械加工工序、装配工序等。辅助过程工序主要包括清洗工序、质检工序、包装工序、涂漆工序、转运工序等。机械加工工艺过程主要由机械加工工序组成，而机械加工工序又可细分为工步、装夹和工位。本节所提到的工序未经说明专指机械加工工序。

（一）工序

工序是指一个或一组操作者，在一个工作地点或一台机床上对同一个或同时对几个零件进行加工所连续完成的那一部分工艺过程。工序是工艺过程的基本组成单元，是安排生产作业计划、制定劳动定额和资源调配的基本计算单元。只要操作者、工作地点或机床、加工对象三者之一变动或者加工不是连续完成，就不是一道工序。同一零件、同样的加工内容也可以安排在不同的工序中完成。制定机械加工工艺过程，必须确定该工件要经过几道工序以及工序进行的顺序。仅列出主要工序名称及其加工顺序的简略工艺过程，简称为工艺路线。

（二）工步

工步指在同一个工序中，当加工表面不变、切削工具不变、切削用量中的进给量和切削速度不变的情况下所完成的那部分工艺过程。当构成工步的任一因素改变后，即成为新的工步。一个工序可以只包括一个工步，也可以包括几个工步。在机械加工中，有时会出现用几把不同的刀具同时加工一个零件的几个表面的工步，称为复合工步。

（三）走刀

工作行程在生产中也称为走刀。当加工表面由于被切去的金属层较厚，需要分几次切削，在加工表面上切削一次所完成的那一部分工步称为走刀，每切去一层材料称为一次走刀。一个工步可包括一次或几次走刀。

（四）安装

安装是指零件经过一次装夹后所完成的那一部分工序。将零件在机床上或夹具中定位、夹紧的过程称为装夹。在一个工序中，零件可能装夹一次，也可能需要装夹几次，但是应尽量减少装夹次数，以免产生不必要的误差和增加装卸零件的辅助时间。如果一个工序的零件经过多次装夹才能完成，则该工序包括多个安装。

（五）工位

为了减少零件装夹次数、提高生产率，常采用转位（移位）夹具、回转工作台，使零件在一次装夹后能在机床上依次占据几个不同的位置进行多次加工。零件在机床上所占据的每一个待加工位置称为工位。

第三节　机械加工质量

一、机械加工精度

（一）加工精度的概念及获取方法

1. 加工精度的概念
加工精度是指零件加工后的实际几何参数（尺寸、形状和相互位置）与理想几何参数的接近程度。实际值与理想值越接近,加工精度就越高。零件的加工精度包含尺寸精度、形状精度和位置精度。这三者之间相互关联,通常形状公差限制在位置公差内,位置公差一般限制在尺寸公差内。当尺寸精度要求高时,相应的位置精度和形状精度也要求高;但生产中也有形状精度、位置精度要求极高而尺寸精度要求不很高的表面,如机床床身导轨表面。

一般情况下,零件的加工精度越高,加工成本也越高,生产效率越低。从保证产品的使用性能分析,没有必要把每个零件都加工得绝对精确,可以允许有一定的加工误差。设计人员应根据零件的使用要求,合理制定零件所允许的加工误差。工艺人员应根据设计要求、生产条件等因素,采取适当的工艺方法,保证加工误差不超过允许范围,并在此前提下尽量提高生产效率和降低成本。

在机械加工中,零件的尺寸、几何形状和表面间相对位置的形成,取决于工件和刀具在切削过程中相互位置的关系。而工件和刀具又安装在夹具和机床上,并受到夹具和机床的约束。因此,加工精度涉及整个工艺系统(由机床、夹具、刀具和工件构成的系统)的精度问题。工艺系统中的种种误差,在不同的具体条件下,以不同的程度和方式反映为加工误差。加工误差是指零件加工后的实际几何参数(尺寸、形状和相互位置)与理想几何参数的偏差。工艺系统的误差是"因",加工误差是"果"。因此,把工艺系统的误差称为原始误差。切削加工中,由于各种原始误差的影响,会使刀具和工件间的位置与理想位置之间产生偏差,从而引起加工误差。加工精度和加工误差是从两个不同的角度来评定加工零件的几何参数,加工精度的高低是通过加工误差的大小来判定的,保证和提高加工精度实质上就是限制和减小了加工误差。

2. 加工精度的获取方法

（1）试切法

试切法是指操作工人在每一工步或走刀前进行对刀,切出一小段,测量其尺寸是否合适,如不合适,则调整刀具的位置,再试切一小段,直至达到尺寸要求后才加工这一尺寸的全部表面。试切法的生产效率低,且要求工人有较高的技术水平,否则不易保证加工质量,因此多用于单件小批生产。

（2）调整法

调整法是指按规定尺寸调整好机床、夹具、刀具和工件的相对位置及进给行程,保证在加工时自动获得符合要求的尺寸。采用这种方法加工时不再进行试切,生产效率大大提高,但其精度稍低,主要取决于机床和夹具的精度以及调整误差的大小。调整法可分为静调整法和动调整法两类。

（3）定尺寸刀具法

定尺寸刀具法是指利用固定尺寸的加工刀具加工工件的方法。如利用钻头、拉刀等加工孔。有些固定尺寸的孔加工刀具可以获得非常高的精度，生产效率也非常高。但是由于刀具必然有磨损，磨损后尺寸不能保证，因此成本较高，多用于大批大量生产。此外，采用成形刀具加工也属于这种方法。

（4）主动测量法

主动测量法是指在加工过程中边加工边测量，达到要求时立即停止加工的方法。随着数字化和信息化技术的发展，主动测量获得的数值可以用数字显示，达到尺寸要求时可自动停车。这种方法的精度高，质量稳定，生产效率也高。由于要用一定型号规格的测量装置，故多应用于大批量生产。应该注意，采用这种方法时，对前一工序的加工精度应有一定的要求。

（二）工艺系统的几何误差

1. 机床误差

机床误差包括机床制造误差、磨损和安装误差。机床误差的项目较多，这里主要分析对零件加工精度影响较大的主轴回转误差、导轨误差和传动链误差。

（1）主轴回转误差

机床主轴是用来装夹工件或刀具，并将运动和动力传给工件或刀具的重要零件。主轴回转误差是指主轴实际回转轴线相对其理想回转轴线的变动量，它直接影响被加工工件的形状精度和位置精度。为便于分析，可将主轴回转误差分解为径向圆跳动、轴向圆跳动和角度摆动。

（2）导轨误差

机床导轨是机床各部件相对位置和运动的基准，它的各项误差直接影响被加工工件的精度。

（3）传动链误差

传动链误差是指传动链始末两端传动元件间相对运动的误差。机床传动链是由若干个传动元件按一定的相互位置关系连接而成的。因此，影响传动精度的因素有：传动件本身的制造精度和装配精度、各传动件及支撑元件的受力变形、各传动件在传动链中的位置、传动件的数目。

各传动件的误差造成了传动链的传动误差，若各传动件的制造精度和装配精度低，则传动精度也低。传动件均有误差，因此传动件越多，传动精度越低。传动件的精度对传动链精度的影响随其在传动链中的位置的不同而不同，实践证明，越靠近末端的传动件，其精度对传动链精度的影响越大。因此，一般均使最接近末端的传动件的精度比中间传动件的精度高 1~2 级。此外，传动件的间隙也会影响传动精度。

2. 刀具误差

刀具误差对工件加工精度的影响，主要表现为刀具的制造误差和磨损，其影响程度随刀具种类的不同而异。

（1）定尺寸刀具

如钻头、拉刀、丝锥等，加工时刀具的尺寸和形状精度直接影响工件的尺寸和形状精度。

（2）成形刀具

如成形车刀、成形砂轮等的形状精度直接影响工件的形状精度。

（3）展成加工用的刀具

如齿轮滚刀、插刀等的精度也影响齿轮的加工精度。

（4）普通单刃刀具

如普通车刀等的精度对工件的加工精度没有直接影响，但刀具的磨损会影响工件的尺寸精度和形状精度。

3. 夹具误差

夹具误差包括定位误差、夹紧误差、夹具的安装误差以及夹具在使用过程中的磨损等。这些误差影响到被加工工件的位置精度、形状精度和尺寸精度。

夹具精度与基准不重合误差以及定位元件、对刀装置、导向装置的制造精度和装配精度有关。一般来说，对于 IT5~IT7 级精度的工件，夹具精度取被加工工件精度的 1/3~1/5；对于 IT8 级及其以下精度的工件，夹具精度可为工件精度的 1/5~1/10。

（三）减少受力变形对加工精度影响的措施

在机械加工中，工艺系统受力变形所造成的加工误差总是客观存在的，其影响关系为：受力→刚度→变形→加工误差。原则上，减小工艺系统受力和改变受力方向、提高工艺系统的刚度以及控制变形与加工误差之间的关系（避开误差敏感方向）等，都是减少工艺系统受力变形对加工精度影响的有效措施。由前面的分析可知，一般情况下，不变的变形量主要会造成调整尺寸和位置的误差，而由于受力变化或刚度变化引起变形量的变化会造成工件的形状误差。解决实际问题时，应根据具体的加工条件和要求，采取有效且可行的方法。

1．提高工艺系统的刚度

这是减少受力变形最直接和有效的措施。

（1）提高接触刚度

零件连接表面由于存在宏观和微观的几何误差，使实际接触面积远小于名义接触面积，在外力作用下，这些接触处将产生较大的接触应力，引起接触变形。而当载荷增加时，随变形的增加，接触面积增大，接触刚度也随之增大。

对于一般部件，其接触刚度都低于实际零件的刚度，所以提高接触刚度是提高工艺系统刚度的关键。常用的方法是：改善工艺系统主要零件接触面的配合质量，使实际接触面积增大，尽可能缩小接触面的面积。此外，在接触面之间预加载荷，可以消除间隙，提高接触刚度。这种方法在各类轴承的调节及数控机床、加工中心等的滚动导轨和滚珠丝杠中广泛应用，效果显著。

（2）提高关键零部件的刚度

在机床和夹具中，应保证支承件（如床身、立柱、横梁、夹具体等）、主轴部件和传动件有足够的刚度。

2．控制受力大小和方向

切削加工时，切削力的大小通常是可以控制的，选择切削用量时，应根据工艺系统的刚度条件限制背吃刀量和进给量的大小；增大刀具的主偏角可减少对变形敏感的背向力。对不平衡的转动件，必要时需设置平衡块，以消除离心力的作用；针对拨销的传动力造成的形状误差，可采用双拨盘或柔性连接装置，使传动力平衡。

3．合理装夹工件，减少受力变形

当工件本身的刚度低、易变形时，应采用合理的装夹方式。如在车削细长轴时，增设中心架或跟刀架等，用增加支承的方法减少变形；尽可能降低工件的装夹高度及减小夹紧力作用点至加工表面的距离，以提高工件刚度。

（四）工艺系统的受热变形

1．工艺系统的热源

在机械加工过程中，工艺系统在各种热源的作用下，都会产生一定的热变形。由于热变形会产生加工误差。随着高效、高精度、自动化加工技术的发展，工艺系统热变形问题变得更为突出。在精加工中，由于热变形引起的加工误差已占到加工误差总量的 $40\% \sim 70\%$。

2. 机床热变形对加工精度的影响

机床热源的不均匀性及其结构的复杂性，使机床的温度场不均匀、机床各部分的变形程度不等，破坏了机床原有的几何精度，从而降低了机床的加工精度。

各类机床的结构和工作条件不同，其变形方式也不同。车床类机床的主要热源是主轴箱轴承和齿轮的摩擦热，并通过主轴箱油池传热，使主轴箱和床身升温，产生的变形使主轴箱抬起、床身中凸弯曲。根据车床的工作特点，在车削圆柱面时，这种热变形不是误差敏感方向，对加工精度影响不大，而对于车削端面和圆锥面会造成较大的形状误差。

3. 减少工艺系统热变形的主要途径

（1）直接减少热源的发热及其影响

为减少机床的热变形，应尽可能将机床中的电动机、变速箱、液压系统、切削液系统等热源从机床主体中分离出去。对于不能分离的热源，如主轴轴承、传动系统、高速运动导轨副等，可以从结构、润滑等方面采取措施，以减少摩擦热的产生。例如，采用静压轴承、静压导轨，改用低黏度的润滑油、锂基润滑脂等。也可用隔热材料将发热部件和机床基础件（床身、立柱等）隔离开来。对发热量大又无法隔热的热源，可采用有效的冷却措施，如增大散热面积或使用强制冷却的风冷、水冷、循环润滑等。一些大型精密加工机床还采用冷冻机将润滑液、切削液强制冷却。

（2）热补偿

减热降温的直接措施有时效果不理想或难以实施。而热补偿则是反其道而行之，将机床上的某些部位加热，使机床温度场均匀，从而产生均匀的热变形。对加工精度影响比较大的往往是机床形状的变化，如主轴箱上翘、床身弯曲等，如果将主轴箱的左部和床身的下部用带余热的回油通过流动加热（或用热风加热），则热变形成为平行的变形，对加工精度的影响就会小得多。

（3）热平衡

当机床达到热平衡时，热变形趋于稳定，有利于加工精度的保证，因此，精加工一般都要求在热平衡下进行。为使机床尽快达到热平衡，缩短预热期，一种方法是加工前让机床高速空转；另一种方法是在机床适当部位增设附加热源，在预热期内向机床供热，加速其热平衡。同时，精密机床应尽量避免中途停车。

（4）控制环境温度

精密机床一般安装在恒温车间，其恒温精度一般控制在 $\pm 1\,^{\circ}\!\mathrm{C}$ 以内。恒温室平均温度一般为 20℃，冬季可取 17℃，夏季取 23℃。机床的布置位置应注意避免日光直射及受周围其他热源影响。

（五）工件的内应力

内应力是指当外载荷去掉后仍存在于工件内部的应力。存在内应力时，工件处于一种不稳定的相对平衡状态。随着内应力的自然释放或受其他因素影响而失去平衡状态，工件将产生相应的变形，破坏其原有的精度。

减小或消除内应力变形误差的途径：

1. 合理设计零件结构

在设计零件结构时，应尽量做到壁厚均匀、结构对称，以减小内应力的产生。

2. 合理安排工艺过程

工件中如有内应力产生，必然会有变形发生，应使内应力重新分布引起的变形能在进行机械加工之前或在粗加工阶段尽早发生，不让内应力变形发生在精加工阶段或精加工之后。铸件、锻件、焊接件在进入机械加工之前，应安排退火、回火等热处理工序；对箱体、床身等重要零件，在粗加工之后需适当安排时效处理工序；工件上一些重要表面的粗、精加工工序宜分阶段安排，使工件在粗加工之后能有更多的时间通过变形使内应力重新分布，待工件充分变形之后再进行精加工，以减小内应力对加工精度的影响。

（六）原理误差、调整误差与测量误差

1. 原理误差

原理误差是指由于采用了近似的成形运动、近似的刀刃形状等原因而产生的加工误差。机械加工中，采用近似的成形运动或近似的刀刃形状进行加工，虽然会由此产生一定的原理误差，但却可以简化机床结构和减少刀具数，只要加工误差能够控制在允许的制造公差范围内，就可以采用近似的加工方法。

2. 调整误差

在机械加工过程中，有许多调整工作要做，如调整夹具在机床上的位置、调整刀具相对于工件的位置等。调整不可能绝对准确，由此产生的误差称为调整误差。引起调整误差的因素很多，如调整时所用刻度盘、样板或样件等的制造误差，测量用的仪表、量具本身的误差等。

3. 测量误差

测量误差是指工件的测量尺寸与实际尺寸的差值。加工一般精度的零件时，测

量误差可占工序尺寸公差的 1/5～1/10；加工精密零件时，测量误差可占工序尺寸公差的 1/3 左右。

产生测量误差的原因主要有：量具、量仪本身的制造误差及磨损；测量过程中环境温度的影响；测量者的测量读数误差；测量者施力不当引起量具、量仪的变形；等等。

（七）提高加工精度的途径

在机械加工中，由于工艺系统存在各种原始误差，这些误差不同程度地反映为工件的加工误差。因此，为保证和提高加工精度，必须设法直接控制原始误差的产生或控制原始误差对工件加工精度的影响。

1. 减小或消除原始误差

提高工件加工时所使用的机床、夹具、量具及工具的精度，以及控制工艺系统受力、受热变形等均可以直接减少原始误差。为有效地提高加工精度，应根据不同情况对主要的原始误差采取措施加以减少或消除。对精密零件的加工，应尽可能提高所使用机床的几何精度、刚度，并控制加工过程中的热变形；对低刚度零件的加工，主要是尽量减少工件的受力变形；对型面零件的加工，主要是减少成形刀具的形状误差及刀具的安装误差。

2. 补偿或抵消原始误差

误差补偿是指人为地造成一种误差去抵消加工过程中的原始误差。误差抵消是指利用原有的一种误差去抵消另一种误差，尽量使二者大小相等、方向相反。这两种方法在方式上虽有区别，但在本质上却没有什么不同。所以，在生产中往往把二者统称为误差补偿。误差补偿法应用较多，例如，在精密丝杠车床上采用的螺距校正装置，在螺纹磨床上采用的温度校正尺以及齿轮机床上的传动链校正装置等都采用了误差补偿法。安装到适当位置，使分度、转位误差处于零件加工面的切线方向，则可显著减少其影响。

3. 转移原始误差

对于工艺系统的原始误差，也可以在一定条件下，使其转移到不影响加工精度的方向或误差的非敏感方向，这样就可在不减小原始误差的情况下，获得较高的加工精度。例如，对于箱体零件的孔系加工，单件小批量生产时采用精密量棒和千分表实现精密坐标定位；成批生产时，采用镗模夹具进行加工。对于具有分度或转位的多工位加工，若将切削刀具安装到适当位置，使分度、转位误差处于零件加工面的切线方向，则可以显著减小影响。

二、机械加工表面质量

(一) 表面质量对耐磨性的影响

1. 表面粗糙度对耐磨性的影响

表面粗糙度值大，接触表面的实际压强增大，粗糙不平的凸峰间相互咬合、挤裂，使磨损加剧，因此，表面粗糙度值越大越不耐磨。但表面粗糙度值也不能太小，表面太光滑，会因存不住润滑油而使接触面间容易发生分子黏结，从而导致磨损加剧。

2. 表面纹理对耐磨性的影响

在轻载运动副中，两相对运动零件表面的刀纹方向均与运动方向相同时，耐磨性好；二者的刀纹方向均与运动方向垂直时，耐磨性差，这是因为两个摩擦面在相互运动中，切去了妨碍运动的加工痕迹。但在重载时，两相对运动零件表面的刀纹方向均与相对运动方向一致时容易发生咬合，磨损量反而大；两相对运动零件表面的刀纹方向相互垂直，且运动方向平行于下表面的刀纹方向，磨损量较小。

3. 表面冷作硬化对耐磨性的影响

机械加工后的表面，由于冷作硬化使表面层金属的显微硬度提高，可降低磨损。加工表面的冷作硬化一般能提高零件耐磨性；但是过度的冷作硬化将使加工表面金属组织变得疏松，严重时甚至出现裂纹，使磨损加剧。

(二) 表面质量对配合性质的影响

加工表面如果太粗糙，必然影响配合表面的配合质量。对于间隙配合表面，初期磨损的影响最为显著，零件配合表面的起始磨损量与表面粗糙度的平均高度成正比增加，原有间隙将因急剧的初期磨损而改变，表面粗糙度越大，变化量就越大，从而影响配合的稳定性。对于过盈配合表面，表面粗糙度越大，两表面相配合时的表面凸峰易被挤掉，这会使过盈量减少。对于过渡配合表面，则兼有上述两种配合的影响。

(三) 表面质量对耐疲劳性的影响

表面粗糙度对承受交变载荷零件的疲劳强度影响很大。在交变载荷作用下，表面粗糙度的凹谷部位容易引起应力集中，产生疲劳裂纹。表面粗糙度值越小，表面缺陷越少，工件耐疲劳性越好；反之，加工表面越粗糙，表面的纹痕越深，纹底半径越小，其抵抗疲劳破坏的能力越差。表面粗糙度对耐疲劳性的影响还与材料对应力集中的敏感程度及材料的强度极限有关。钢材对应力集中最为敏感，钢材的极限强度越高，对应力集中的敏感程度就越大，而铸铁和非铁金属对应力集中的敏感性较弱。

表面层金属的冷作硬化能够阻止疲劳裂纹的生长，可提高零件的耐疲劳性。在实际加工中，加工表面在发生冷作硬化的同时，必然伴随产生残余应力。残余应力有拉应力和压应力之分，拉应力将使耐疲劳性下降，而压应力将使耐疲劳性提高。

（四）表面质量对耐蚀性的影响

零件的耐蚀性在很大程度上取决于表面粗糙度。大气里所含气体和液体与金属表面接触时，会凝聚在金属表面上而使金属腐蚀。表面粗糙度值越大，加工表面与气体、液体接触的面积越大，腐蚀物质越容易沉积于凹坑中，耐蚀性能就越差。当零件表面层有残余压应力时，能够阻止表面裂纹进一步扩大，有利于提高零件表面抵抗腐蚀的能力。

第四节　机械加工工艺过程设计

一、机械加工工艺规程的概念

机械加工工艺规程是规定产品或零部件机械加工工艺过程和操作方法等的工艺文件，它是在具体的生产条件下，把较为合理的工艺过程和操作方法，按照规定的形式书写成工艺文件，经审批后用来指导生产。机械加工工艺规程一般包括工艺路线、各工序的具体内容及所用的设备和工艺装备、工件的检验项目及检验方法、切削用量、时间定额等内容。其中，工艺路线是指产品或零部件在生产过程中，由毛坯准备到成品包装、入库各个过程的先后顺序，是描述物料加工、零部件装配等操作顺序的技术文件，是多个工序的序列；工艺装备（简称工装）是产品制造过程中所用各种工具的总称，包括刀具、夹具、量具、模具和其他辅助工具等。

二、机械加工工艺规程的作用

（一）工艺规程是指导生产的重要技术文件

工艺规程是依据工艺学原理和工艺试验，在总结实际生产经验和科学分析的基础上，经过生产验证而确定的，是科学技术和生产经验的结晶。所以，它是获得合格产品的技术保证，是指导企业生产活动的重要文件。因此，在生产中必须遵守工艺规程，只有这样才能实现优质、高产、低成本和安全生产。但是，工艺规程也不是固定不变的，技术人员经过总结、革新和创造，可以根据生产实际情况，不断地对现行工艺进行改进和完善，但必须有严格的审批手续。

（二）工艺规程是生产准备和生产管理的重要依据

生产计划的制定，产品投产前原材料和毛坯的供应，工艺装备的设计、制造与采购，机床负荷的调整，作业计划的编排，劳动力的组织，工时定额的制定，成本的核算等，都是以工艺规程作为基本依据。

（三）工艺规程是设计或改（扩）建工厂的主要依据

在新建和扩建工厂（车间）时，生产所需要的机床和其他设备的种类、数量和规格，车间的面积，机床的布置，生产工人的工种、技术等级和数量，辅助部门的安排等都是以工艺规程为基础，根据生产类型来确定。

（四）工艺规程是工艺技术交流的主要文件形式

工艺规程还起着交流和推广先进制造技术经验的作用。典型工艺规程可以缩短工厂摸索和试制的过程。

经济合理的工艺规程是在一定的技术水平及具体的生产条件下制定的，是相对的，是由时间、地点和条件决定的。因此，虽然在生产中必须遵守工艺规程，但工艺规程也要随着生产的发展和技术的进步不断改进，生产中出现了新问题，就要以新的工艺规程为依据组织生产。但是，在修改工艺规程时，必须采取慎重的态度和稳妥的步骤，即在一定的时间内要保证既定的工艺规程具有一定的稳定性，要力求避免贸然行事，决不能轻率地修改工艺规程，以免影响正常的生产秩序。

三、机械加工工艺规程的内容和格式

机械加工工艺规程的主要内容包括工艺路线、设备和工艺装备、切削用量、时间定额等。这些内容规定了零部件生产过程中各个环节所必须遵循的方法、步骤和技术要求，包括产品特征和质量标准、原材料及辅助原料的特征和质量标准、生产工艺流程、主要工艺技术条件、半成品质量标准、生产工艺主要工作要点、主要技术经济指标和成品质量指标的检查项目及次数、工艺技术指标的检查项目及次数、专用器材特征及质量标准等。

各企业所用工艺规程根据企业具体情况而定，格式虽不统一，但内容大同小异。一般来说，工艺规程的形式按其内容详细程度，可分为以下几种。

(一) 工艺过程卡片

工艺过程卡片是以工序为单位简要说明产品或零部件的加工过程的一种工艺文件。它是一种最简单和最基本的工艺规程形式，对零件制造全过程进行粗略的描述。卡片按零件编写，标明零件加工路线、各工序采用的设备和主要工装以及工时定额。只有在单件小批量生产中才用工艺过程卡片来直接指导工人的加工操作。

(二) 工艺卡片

工艺卡片是按产品或零部件的某一工艺阶段编制的一种工艺文件。它以工序为单元，对毛坯性质、加工顺序、各工序所需设备、工艺装备的要求、切削用量、检验工具及方法、工时定额都做出具体规定，它一般是按零件的工艺阶段分车间、分零件编写，包括工艺过程卡的全部内容，只是更详细地说明了零件的加工步骤，卡片上有时还需附有零件草图。工艺卡片广泛应用于成批生产或重要零件的单件小批生产。

(三) 工序卡片

工序卡片是在工艺过程卡片或工艺卡片的基础上，按每道工序所编制的一种工艺文件。工序卡片一般具有工序简图，并详细说明该工序的每个工步的加工内容、工艺参数、操作要求以及所用工艺装备等，多用于大批大量生产及重要零件的成批生产。

实际生产中应用什么样的工艺规程，要视产品的生产类型和所加工的零部件具体情况而定。另外，在成组加工技术中，还有应用典型工艺过程卡片、典型工艺卡片和典型工序卡片；对自动、半自动机床或某些齿轮加工机床的调整，应用调整卡片；而对检验工序则有检验工序卡片等其他类型的工艺规程格式。

四、工艺规程的设计原则

(一) 技术上的先进性

在制定工艺规程时，首先要了解国内外本行业工艺技术的发展情况，通过必要的工艺试验，尽可能采用先进适用的工艺和工艺装备。

(二) 经济上的合理性

在一定的生产条件下，可能会出现几种能够保证零件技术要求的工艺方案。此时应通过成本核算或相互对比，选择经济上最合理的方案，使产品生产成本最低。

（三）良好的劳动条件及避免环境污染

在制定工艺规程时，要注意保证工人操作时有良好、安全的劳动条件。因此，在工艺方案上要尽量采取机械化或自动化措施，以减轻工人繁重的体力劳动。同时，要符合国家环境保护法的有关规定，避免环境污染。

产品质量、生产率和经济性这三个方面有时相互矛盾，因此，合理的工艺规程应该处理好这些矛盾，体现这三者的统一。

五、制定工艺规程的原始资料和步骤

（一）制定工艺规程的原始资料

在制定工艺规程时，通常应具备下列原始资料。

（1）产品的全套装配图和零件工作图。

（2）产品验收的质量标准。

（3）产品的生产纲领（年产量）和生产类型。

（4）毛坯资料。毛坯资料包括各种毛坯制造方法的技术经济特征、各种材料的品种和规格、毛坯图等。在无毛坯图的情况下，需实际了解毛坯的形状、尺寸及力学性能等。

（5）现场的生产能力和生产条件。为了使制定的工艺规程切实可行，一定要考虑现场的生产条件。因此要深入生产实际，了解毛坯的生产能力及技术水平、加工设备和工艺装备的规格及性能、工人的技术水平、专用设备及工艺装备的制造能力等。

（6）有关的工艺手册及图册。

（二）制定工艺规程的步骤

（1）计算年生产纲领，确定生产类型。

（2）分析零件图及产品装配图，对零件进行工艺分析。零件的工艺分析包括：①分析和审查零件图纸。通过分析产品零件图及有关的装配图，了解零件在机器中的功用，在此基础上进一步审查图纸的完整性和正确性。例如，图纸是否符合有关标准，是否有足够的视图，尺寸、公差要求的标注是否齐全等。若有遗漏或错误，应及时提出修改意见，并与有关设计人员协商，按一定手续进行修改或补充。②审查零件材料的选择是否恰当。零件材料的选择应立足于国内，尽量采用我国资源丰富的材料，不能随便采用贵重金属。如果材料选得不合理，可能会使整个工艺过程的安排发生问题。

六、工序顺序的安排

(一) 机械加工工序的安排

1. 先基准后其他

用作精基准的表面，要首先加工出来。所以，第一道工序一般是进行定位面的粗加工和半精加工（有时包括精加工），然后再以精基准表面定位加工其他表面。例如轴类零件先加工中心孔，齿轮零件先加工基准孔和基准端面等。如果精基准不止一个，则应按基准的转换顺序和精度逐步提高的原则安排各精基准的加工。对于某些精度较高的零件，在后续的加工阶段中还应对精基准进行再加工和修研，以保证其他表面的精度。

2. 先主后次

先安排主要表面的加工，再把次要表面的加工工序插入其中。因为主要表面加工容易出废品，应放在前阶段进行，以减少工时浪费。次要表面主要指键槽、螺孔、螺纹连接等表面。次要表面一般都与主要表面有一定的位置要求，需要以主要表面为基准进行加工，一般安排在主要表面的半精加工之后、精加工之前进行。

3. 先粗后精

零件的加工应划分加工阶段，先进行粗加工，然后半精加工，最后是精加工和光整加工；应将粗、精加工分开进行。

4. 先面后孔

考虑零件的结构特点和装配精度要求，如箱体类零件的主要特点是平面所占轮廓尺寸较大，轮廓平整，用平面定位比较稳定、可靠，因而可先加工平面，后加工内孔。这样既有利于加工孔时定位安装，也能保证孔与平面的位置精度，同时也给孔加工带来方便。

(二) 热处理工序的安排

1. 预备热处理

预备热处理的目的是改善材料的加工性能，消除应力，为最终热处理做好准备，如正火、退火和实效处理。它们一般安排在粗加工前、后和需要消除应力的地方。放在粗加工前，可改善粗加工时材料的加工性能，并可减少车间之间的运输工作量。放在粗加工后，有利于粗加工后残余应力的消除。调质是对零件淬火后再高温回火的热处理方法，能消除内应力、得到组织均匀细致的回火索氏体，改善切削性能并能获得较好的综合机械性能，有时作为预备热处理，常安排在粗加工后。对一些性能要求不高的零件，调质也常作为最终热处理安排在精加工之前进行。

2. 最终热处理

最终热处理的目的主要是提高力学性能，提高零件的硬度和耐磨性，常用的有淬火、渗碳淬火、渗氮、氧化等。它们常安排在精加工（磨削）之前进行，其中渗氮由于热处理温度较低，零件变形很小，也可以安排在精加工之后。

（三）辅助工序的安排

辅助工序的种类较多，包括检验、去毛刺、倒棱、清洗、防锈、去磁、探伤和平衡等。辅助工序也是必要的工序，如果安排不当或遗漏，将会给后续工序和装配带来困难，影响产品质量，甚至使机器不能正常使用。例如，未去净的毛刺将影响装夹精度、测量精度、装配精度，甚至危及人身安全；零件中未清洗干净的切屑、研磨剂及残存的磨料等，会加剧零件在使用过程中的配合表面的磨损。因此，要重视辅助工序的安排。检验工序是主要的辅助工序，除每道工序由操作者自行检验外，需要在下列场合单独安排检验工序：在粗加工之后，精加工之前；重要工序前后；零件转换加工车间前后；全部加工工序完成后。探伤工序用来检查工件的内部质量，一般安排在精加工阶段。密封性检验、工件平衡和重量检验一般都安排在工艺过程的最后进行。

第三章 机械设计基础知识

第一节 机械设计的主要内容与基本要求

在现代生产和日常生活中，有各种类型的机器，如汽车、机床、起重机、机器人以及缝纫机、洗衣机等。虽然它们的用途、功能不同，工作条件各异，但无论哪一种机器，其基本组成要素都是机械零件。

机械中的零件可分为两大类：一类是通用零件，它在各种类型的机械中都可能用到，如螺栓、轴、齿轮、弹簧等；另一类是专用零件，只用于某些类型的机械中，如电动机中的转子、涡轮机的叶片、内燃机中的曲轴等。此外，机械设计还把为完成同一使命、彼此协同工作的一组零件所组成的独立制造或独立装配的组合体称为部件，如减速器、联轴器等。机器在工作时，其中的每个零件都在为完成机器的功能而发挥各自的作用。因此任何机器性能的好坏，都取决于其主要零件或某些关键零件的综合性能。

一、机械设计的主要内容

机械设计工作的主要内容有以下几个方面。

（一）机械工作原理的选择

机械的工作原理是机械实现预期功能的基本依据，实现同一预期功能的机器可以选择不同的工作原理。例如，设计齿轮机床时，可以选用成形法加工齿轮，也可以选用范成法来加工齿轮。显然，工作原理不同，设计出的机床也不同，前者为普通铣床，后者则为滚齿机或插齿机。

（二）机械的运动设计

工作原理选定后，即可根据工作原理的要求，确定机械执行部分所需的运动及动力条件，然后再结合预定选用的原动机类型及性能参数进行机械的运动设计，即妥善选择与设计机械的传动部分，把原动机的运动转变为机械执行部分预期的机械运动。

（三）机械的动力设计

初定了机械的执行部分和传动部分后，即可根据机器的运动特性、执行部分的工作阻力、工作速度和传动部分的总效率等，算出机械所需的驱动功率，并结合机器的具体情况，选定一台（或几台）适用的原动机进行驱动。

（四）零部件工作能力设计

对于一般机械，在选定了原动机后，即可根据功率、运动特性和各个零部件的具体工作情况，计算出作用于任一零部件上的载荷。然后，从机械的全局出发，考虑各个零部件所需的工作能力（强度、刚度、寿命）。

二、机械设计的基本要求

机械设计的基本要求主要有以下几个方面。

（一）实现预期功能的要求

设计机械时，首先应满足的就是能实现机械的预定功能，且在预定的工作期限内和预定的环境条件下能可靠地工作。

（二）经济性要求

经济性是一个综合性指标，它要求机械的设计、制造成本低，使用这台机械时生产率高，能源、材料耗费少，维护管理费用低。

（三）操作方便与工作安全的要求

机械的操纵系统应简便可靠，有利于减轻操作人员的劳动强度，对机械中容易造成危害工人安全的部分，应装防护罩，并采用各种可靠的安全保险装置，以消除由于不正确操作而引起的危险。

（四）造型美化和减轻对环境污染的要求

设计机械时，应从工业美学角度出发，考虑机械的外形和色彩以美化工作环境，并尽可能降低机械的噪声，以减轻对环境的污染。

（五）其他特殊要求

例如：巨型机器应便于安装、拆卸和运输；机床能长期保持精度；食品、纺织、造纸机械不得污染产品；等等。

第二节　机械零件的主要失效形式与设计准则

一、机械零件的主要失效形式

机械产品的主要质量标志包括功能、寿命、重量/容量比、经济、安全和外观，其中，功能是首要的。一般来说，机械零件丧失工作能力或达不到设计要求的性能时称为失效。在不发生失效的条件下，零件所能安全工作的限度称为工作能力。机械零件常见的失效形式主要有以下几种。

（一）断裂

这是由于零件体积应力过大导致其无法继续工作，也称为体积失效。断裂又可分为过载断裂和疲劳断裂，前者的断口通常为具有残余变形（对塑性材料）的断面或呈粗糙表面的断面（对脆性材料）。

（二）变形过大

零件由于弹性变形过大并超过了许用值时，就会导致机器不能正常工作。当零件过载时，塑性材料还会发生塑性变形，致使零件尺寸和形状发生变化。

（三）振动过大

零件振动过大，特别是发生共振时，因振幅超过了许用值而导致零件失效。

（四）表面失效

在过大的表面接触应力作用下，可能造成胶合、点蚀、磨损和塑性变形等失效。在化学腐蚀物质的接触和作用下，则可能造成表面腐蚀失效。

二、机械零件的设计准则

针对各种不同的失效形式，列出判定零件工作能力的条件，就成为机械零件的设计准则。这些准则主要有强度、刚度、耐磨性、耐热性以及振动稳定性等。下面主要讨论零件的强度、刚度条件。

（一）强度

1. 名义载荷与计算载荷

根据名义功率用力学公式计算出作用在零件上的载荷称为名义载荷，它是机器在理想平稳的工作条件下作用在零件上的载荷。计算载荷是考虑实际载荷随时间作用的不均匀性、载荷在零件上分布的不均匀性及其他因素的影响而得的载荷。机械零件的设计计算一般按计算载荷进行。

2. 强度条件

强度条件是机械零件最基本的计算准则。如果零件强度不足，工作时会产生断裂或过大的塑性变形，使零件不能正常工作。设计时必须满足的强度条件为：

$$\sigma \leqslant [\sigma], \quad \tau \leqslant [\tau]$$

式中，σ、τ分别为危险截面处的最大正应力和切应力，是按照计算载荷求得的应力；$[\sigma]$、$[\tau]$分别为材料的许用正应力和切应力。

（二）刚度

刚度是指零件在载荷作用下，抵抗弹性变形的能力。某些零件如机床主轴、高速蜗杆轴等，刚度不足将会产生过大的弹性变形，影响机器的正常工作。设计时应满足的刚度条件为：

$$y \leqslant [y], \quad \theta \leqslant [\theta], \quad \varphi \leqslant [\varphi]$$

式中，y、θ、φ分别为零件工作时的挠度、转角和扭角；$[y]$、$[\theta]$、$[\varphi]$为相应的许用挠度、转角和扭角。

第三节　连接

连接是将两个或两个以上的零件组合成一体的结构。为了便于机器的制造、安装、运输、检修以及提高劳动生产率等，在实际中广泛使用各种连接。

连接按其是否具有可拆性分为可拆连接与不可拆连接两大类。可拆连接是不需毁坏连接中的任一零件就可拆开的连接，多次装拆无损于其使用性能，如键连接、螺纹连接及销连接等；不可拆连接是至少必须毁坏连接中的某一零件才能拆开的连接，如铆钉连接、焊接和胶接等。

下面将简要介绍应用十分广泛的螺纹连接和常见的轴毂连接。

一、螺纹连接

螺纹连接是利用螺纹零件构成的可拆连接，在实际中应用很广。螺纹连接的可靠性在某些领域相当重要，很多实例表明，由于螺纹连接的失效，经常会造成机毁人亡、毒气泄漏等严重后果。

（一）螺纹的类型及主要参数

螺纹的种类很多。按照螺纹轴平面牙形状的不同，可分为普通螺纹（三角形螺纹）［图 3－1 （a）］、管螺纹［图 3－1 （b）］、矩形螺纹［图 3－1 （c）］、梯形螺纹［图 3－1 （d）］和锯齿形螺纹［图 3－1 （e）］等。前两种主要用于连接，后三种主要用于传动。

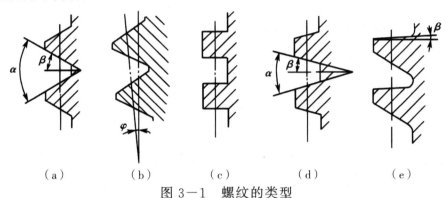

（a）　　　（b）　　　（c）　　　（d）　　　（e）

图 3－1　螺纹的类型

按照螺旋线旋绕方向的不同，又可分为右旋螺纹［图 3－2 （a）］和左旋螺纹［图 3－2 （b）］。机械中一般采用右旋螺纹，左旋螺纹主要用于一些有特殊要求的场合。

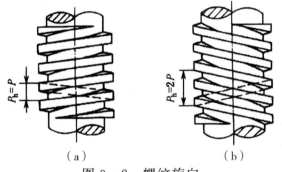

（a）　　　　　　　（b）

图 3－2　螺纹旋向

现以三角形外螺纹为例介绍螺纹的主要参数（图 3－3）。

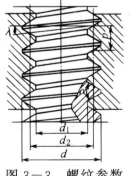

图 3－3　螺纹参数

（1）大径 d 为螺纹的最大直径，即为螺纹牙顶所在圆柱的直径，在标准中定为公称直径。

（2）小径 d_1 为螺纹的最小直径，即为螺纹牙根所在圆柱的直径，在强度计算中通常作为螺杆危险截面的计算直径。

（3）中径 d_2 为介于大径和小径之间，且轴平面内牙厚等于牙间宽处的假想圆柱面的直径。螺旋副的受力分析通常在中径圆柱面上进行。

（4）线数 n 为螺纹的螺旋线数目。

（5）螺距 p 为螺纹相邻两个牙型上对应点间的轴向距离。

（6）导程 s 为螺纹上任意一点沿螺旋线旋转一周所移动的轴向距离。

$$s = np$$

（7）螺纹升角 ψ 为螺旋线的切线与垂直于螺纹轴线的平面间的夹角。大、中、小各直径圆柱面上的螺纹升角不同，通常按螺纹中径 d_2 处计算。

$$\Psi = \arctan \frac{s}{\pi d_2} = \arctan \frac{np}{\pi d_2}$$

（8）牙型角 α 为轴平面内螺纹牙两侧边的夹角。

（9）牙型斜角 β 为轴平面内螺纹牙一侧边与螺纹轴线的垂线间的夹角。对于对称的牙型。

$$\beta = \alpha / 2$$

（二）螺纹连接的类型

螺纹连接有以下四种基本类型。

1. 螺栓连接

利用一端有螺栓头，另一端有螺纹的螺栓穿过被连接件的通孔，旋上螺母并拧紧，从而将被连接件联成一体。螺栓连接又分普通螺栓和铰制孔螺栓用螺栓。前者的特点是孔和螺栓杆之间有间隙，螺栓受轴向拉力，且通孔的加工精度要求低；而后者孔和螺栓杆之间多采用过渡配合，螺栓能承受横向载荷，但孔的加工精度要求较高。这种连接广泛用于被连接件不太厚的场合。

2. 双头螺柱连接

利用两端均有螺纹的螺柱，将其一端拧入被连接件的螺纹孔中，一端穿过另一被连接件的通孔，旋上螺母并拧紧，从而将被连接件联成一体。这种连接适用于被连接件太厚、不宜制成通孔且需要经常装拆的场合。

3. 螺钉连接

不使用螺母，而利用螺钉穿过一被连接件的通孔，拧入另一被连接件的螺纹孔内实现连接。这种连接适用于被连接件一薄一厚、不需要经常装拆的场合。

4. 紧定螺钉连接

利用紧定螺钉旋入一零件，并以其末端顶紧另一零件来固定两零件的相对位置。这种连接适用于力和扭矩不大的场合。

（三）螺纹连接的主要失效形式

对于受拉螺栓，其主要失效形式是螺栓杆螺纹部分发生断裂，因而其设计准则是保证螺栓的静力或疲劳拉伸强度。对于受剪螺栓，其主要失效形式是螺栓杆和孔壁的贴合面上出现压溃或螺栓杆被剪断，因而其设计准则是保证连接的挤压强度和螺栓的剪切强度。

二、轴毂连接

轴毂连接主要用来实现轴上零件（如齿轮、带轮等）的周向固定并传递转矩，有的还能实现轴上零件的周向固定或轴向滑动的导向。下面简单介绍常见的轴毂连接，即键连接、花键连接和销连接。

（一）键连接

键是一种标准零件，主要类型有平键连接、半圆键连接、楔键连接和切向键连接。平键连接按用途又可分为普通平键、薄型平键、导向平键和滑键。其中，普通平键、薄型平键用于静连接，而导向平键和滑键用于动连接。图 3—4 为普通平键连接的结构型式，键的两侧面是工作面，键的顶面与轮毂上键槽的底面则留有间隙，工作时靠键与键槽侧面的挤压传递转矩。

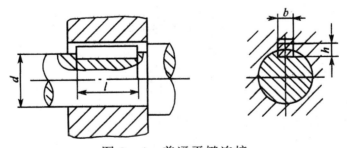

图 3—4　普通平键连接

（二）花键连接

花键连接由外花键和内花键组成，如图 3—5 所示。与平键连接相比，花键连接具有受力均匀、对轴与毂的强度削弱较小、承受较大载荷、对中性与导向性好的特点，因此适用于载荷较大、定心精度要求较高的静连接或动连接。

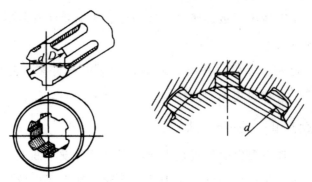

图3-5　花键连接

（三）销连接

销按用途主要分为三种类型：用于固定零件之间相对位置的定位销（图3-6）、用于轴与毂连接的连接销（图3-7）、用作安全装置中过载剪断元件的安全销（图3-8）。

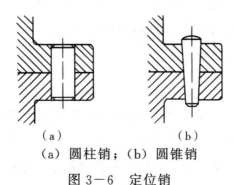

（a）　　　　　　　　　（b）

（a）圆柱销；（b）圆锥销

图3-6　定位销

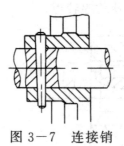

图3-7　连接销

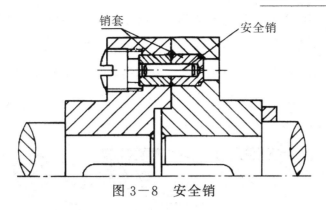

图 3—8　安全销

第四节　机械传动

一般机器都是由原动机、传动装置和工作机三部分组成。传动装置是原动机和工作机之间的"桥梁"，它的作用是将原动机的运动和动力传递给工作机，并进行减速、增速、变速或改变运动形式等，以满足工作机对运动速度、运动形式以及动力等方面的要求。

传动装置按工作原理可分为机械传动、流体传动和电力传动三类。其中机械传动具有变速范围大、传动比正确、运动形式转换方便、环境温度对传动的影响小、传递的动力大、工作可靠、寿命长等一系列的优点，因而得到广泛应用。由于传动装置是大多数机器或机组的主要组成部分，机器的质量、成本、工作性能和运转费用在很大程度上取决于传动装置的优劣，因此，不断提高传动装置的设计和制造水平就具有极其重大的意义。

一、带传动

带传动是由主动轮、从动轮和紧套在两轮上的传动带 3 组成的一种机械传动装置，如图 3—9 所示。

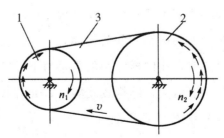

图 3—9　带传动的工作原理

　　根据工作原理的不同，带传动可分为摩擦型带传动和啮合型带传动两类。依靠张紧在带轮上的带和带轮之间的摩擦力来传动的称为摩擦型带传动，而依靠带齿和轮齿相啮合来传动的称为啮合型带传动。根据挠性带截面形状的不同，可划分为平带［图3－10（a）］、V带［图3－10（b）］、圆带［图3－10（c）］、多楔带［图3－10（d）］和同步带［图3－10（e）］。

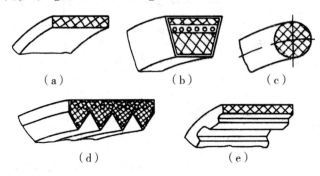

（a）　　　　　　　（b）　　　　　　　（c）

（d）　　　　　　　　　（e）

图3－10　带的类型

摩擦型带传动的主要优点包括：

（1）胶带具有弹性，能缓冲、吸振，因此传动平稳、噪声小。

（2）传动过载时能自动打滑，起安全保护作用。

（3）结构简单，制造、安装、维修方便，成本低廉。

（4）可用于中心距较大的传动。

摩擦型带传动的主要缺点包括：

（1）不能保证恒定的传动比。

（2）轮廓尺寸大，结构不紧凑。

（3）不能传递很大的功率，且传动效率低。

（4）带的寿命较短。

（5）对轴和轴承的压力大，提高了对轴和轴承的要求。

（6）不适宜用于高温、易燃等场合。

　　根据上述特点，带传动适用于在一般工作环境条件下，传递中、小功率，对传动比无严格要求且中心距较大的两轴之间的传动。

　　在摩擦传动中，可以证明，在同样大小的张紧力下，V带传动较平带传动能产生更大的摩擦力，因而传动能力大，结构较紧凑，且允许较大的传动比，因此得到更为广泛地应用。下面主要介绍V带传动。

　　V带由包布、顶胶、抗拉体及底胶组成。V带已标准化，可分为普通V带、窄

V 带、半宽 V 带和宽 V 带等多种形式。这里主要介绍普通 V 带，按截面尺寸由小到大分为 Y、Z、A、B、C、D、E 七种型号。

　　V 带垂直其底边弯曲时，在带中保持原长度不变的一条周线称为节线；由全部节线构成的面称为节面；带的节面宽度称为节宽。在 V 带轮上，与所配用 V 带的节面宽度相对应的带轮直径称为基准直径。V 带在规定的张紧力下，位于带轮基准直径上的周线长度称为基准长度 L_d。

　　带传动的主要几何参数有包角、基准长度、中心距及带轮直径等，如图 3－11 所示。

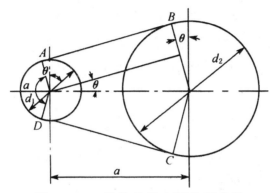

图 3－11　带传动的主要几何参数

　　带具有弹性，因此在拉力作用下会产生弹性伸长。但由于带的两边拉力不等，弹性量不等，因此会引起带与带轮之间局部的微小相对滑动，称为弹性滑动。显然，弹性滑动是靠摩擦力工作的带传动不可避免的物理现象。带传动的主要失效形式是打滑以及带在变应力作用下的疲劳损坏。为保证带传动工作时不发生打滑，必须限制带所需传递的圆周力，使其不超过带传动的最大有效拉力；为保证传动带具有足够的疲劳寿命，则应具有足够的疲劳强度。

二、链传动

　　链传动是应用较广的一种机械传动。它主要由链条和主、从动链轮所组成。链轮上带有特殊齿形的齿，依靠链轮轮齿与链节的啮合来传递运动和动力。

　　链传动是属于带有中间挠性件的啮合传动。与属于摩擦传动的带传动相比，链传动无弹性滑动和打滑现象，因而能保持准确的平均传动比，传动效率较高；在同样使用条件下，链传动结构较为紧凑；链传动能在高温及速度较低的情况下工作。链传动的主要缺点是：在两根平行轴间只能用于同向回转的传动；运转时不能保持恒定的瞬时传动比；磨损后易发生跳齿且工作时有噪声。链传动主要用在要求工作可靠、两轴相距较远，以及其他不宜采用齿轮传动的场合。

按用途不同，链传动可分为传动链、输送链和起重链。而传动链又分为滚子链和齿形链等类型。这里仅介绍使用最广的滚子链。

滚子链由滚子、套筒、销轴、内链板和外链板所组成。内链板与套筒之间、外链板与销轴之间均为间隙配合。当内、外链板相对挠曲时，套筒可绕销轴自由转动。工作时滚子沿链轮齿廓滚动，这样就可减轻齿廓的磨损。链的磨损主要发生在销轴与套筒的接触面上。因此，内、外链板间应留少许间隙，以便润滑油渗入销轴和套筒之间的摩擦面间。在滚子链和链轮的啮合中，节距是基本参数，节距增大时，链条中各零件的尺寸也要相应地增大。链的使用寿命在很大程度上取决于链的材料及热处理方法。链条尺寸和链轮齿形目前均已标准化。为提高链及链轮的强度、耐磨性和耐冲击性，需要选择合适的材料并进行热处理。

链传动的失效形式主要有下列几种。

（一）链的疲劳破坏

链在工作时，其上各个元件都是在变应力作用下工作，经过一定的循环次数后，有的元件将出现疲劳断裂或疲劳点蚀。

（二）链条铰接的磨损

链条工作时，其销轴与套筒之间承受较大的压力，传动时彼此又产生相对转动，从而导致了铰链磨损。

（三）链条铰链的胶合

当链轮转速高达一定数值时，销轴和套筒间润滑油膜被破坏，使二者的工作表面在很高的温度和压力下直接接触，从而导致胶合。

（四）链条的静力拉断

当低速的链条过载，并超过链条的静力强度时，链条就会被拉断。

三、齿轮传动

齿轮传动是应用最广的一种机械传动，其主要优点包括：

（1）适用的圆周速度和功率范围广。

（2）传动比准确。

（3）机械效率高。

（4）工作可靠。

（5）寿命长。

（6）可实现平行轴、相交轴、交错轴之间的传动。

（7）结构紧凑。

齿轮传动的主要缺点包括：

（1）要求有较高的制造和安装精度，成本较高。

（2）不适宜于远距离两轴之间的传动。

按齿轮轮齿的齿廓曲线形状，可将齿轮传动分为渐开线齿轮传动、摆线齿轮传动和圆弧齿轮传动。下面讨论应用最广的渐开线齿轮传动。

（一）渐开线直齿圆柱齿轮的啮合传动

要使一对渐开线直齿圆柱齿轮能够正确地、连续地啮合传动，必须满足下列两方面的条件。

1. 正确啮合条件

设 m_1、m_2 和 α_1、α_2 分别为两齿轮的模数和压力角，则一对渐开线直齿圆柱齿轮的正确啮合条件是：

$$m_1 = m_2 = m$$

$$\alpha_1 = \alpha_2 = \alpha$$

2. 连续传动条件

为了保证一对渐开线齿轮能够连续传动，前一对啮合轮齿在脱开啮合之前，后一对轮齿必须进入啮合。即同时啮合的轮齿对数必须有一对或一对以上。传动的连续性可用重合度 ε 定量反映，它表示一对齿轮在啮合过程中，同时参与啮合的轮齿的平均对数。因此，连续传动条件为：

$$\varepsilon \leqslant 1$$

（二）渐开线直齿圆柱齿轮的加工方法

齿轮轮齿的加工方法很多，最常用的是切削加工法。此外还有铸造法、热轧法和电加工法等。而从加工原理来分，则可以分成成形法和范成法两种。

1. 成形法

它是用与渐开线齿轮的齿槽形状相同的成形铣刀直接切削出齿轮齿形的一种加工方法。加工时，圆盘铣刀或指形铣刀绕自身轴线回转（主切削运动），同时齿轮坯沿着齿轮的轴线方向作直线移动（进给运动）；当说出一个齿槽后，将轮坯退回到原来位置，并用分度盘将轮坯转过（分度运动），再说第二个齿槽，依此类推，直到将所有齿槽全部铣出，齿轮即加工完毕。成形法只适用于对齿轮精度要求不高的修配等单件生产的场合。

2. 范成法

范成法是根据一对齿轮的啮合原理进行切齿加工的。设想将一对互相啮合传动的齿轮（或齿条与齿轮）之一作出刀刃、形成刀具，而另一个则为轮坯。现使二者仍按原来的传动比关系进行转动，在转动过程中，刀具渐开线齿廓在一系列位置时的包络线就是被加工齿轮的渐开线齿廓曲线，这就是范成法切齿的基本原理。范成法切齿的具体方法很多，最常用的有插齿和滚齿两种。范成法在批量生产中得到了广泛地应用。

（三）齿轮传动的失效形式

齿轮传动就装置型式来说，有开式、半开式及闭式之分。在开式齿轮传动中，齿轮完全暴露在外边，没有防尘罩或机壳。这种传动不仅外界杂物极易侵入，而且润滑不良。因此轮齿容易磨损，只宜用于低速传动。当齿轮传动装有简单的防尘罩，有时还把大齿轮部分地浸入油池中，这种传动称为半开式齿轮传动，其工作条件较开式齿轮传动有所改善，但仍做不到严密防止外界杂物侵入。而汽车、机床、航空发动机等所用的齿轮传动，都是装在经过精确加工而且封闭严密的箱体内，这称为闭式齿轮传动。齿轮传动不仅在装置型式上有所不同，而且在使用情况、齿轮材料的性能和热处理工艺等方面也有所差别，因此齿轮传动也就出现了不同的失效形式。

一般来说，齿轮传动的失效主要是轮齿的失效，而轮齿的失效形式又是多种多样的，较为常见的有轮齿折断、齿面点蚀、磨损、胶合和塑性变形等。

轮齿折断是指齿轮的一个或多个齿的整体或其局部的断裂。通常有疲劳折断和过载折断两种。前者是由于轮齿在过高的交变应力多次作用下，齿根处形成疲劳裂纹并不断扩展，从而导致的轮齿折断；而后者是由于短时意外的严重过载所造成的轮齿折断。

齿面点蚀是指齿面材料在变化着的接触应力作用下，由于疲劳而产生的麻点状损伤现象。它是润滑良好的闭式齿轮传动中常见的齿面失效形式。

齿面磨损是齿轮在啮合传动过程中，轮齿接触表面上的材料摩擦损耗的现象。它一方面导致渐开线齿廓形状被破坏，引起噪声和系统振动；另一方面使轮齿变薄，可间接导致轮齿的折断。齿面磨损多发生在开式齿轮传动中。

齿面胶合是相啮合齿面的金属，在一定压力下直接接触发生黏着，同时随着齿面间的相对运动，使金属从齿面上脱落而引起的一种严重黏着磨损现象。它多发生在低速、重载的传动中。

塑性变形是由于在过大的应力作用下，轮齿材料因屈服产生塑性流动而在齿面或齿体形成的变形。它一般多发生于硬度低的齿轮上，但在重载作用下，硬度高的齿轮上也会发生。

（四）设计准则

齿轮传动的设计准则取决于轮齿的失效形式。在闭式齿轮传动中，当齿面硬度≤350HBS时，其主要失效形式为齿面点蚀，故设计时先按齿面接触疲劳强度计算，并验算齿根的弯曲疲劳强度；当齿面硬度＞350HBS时，其主要失效形式是轮齿的弯曲疲劳折断，故先按齿根的弯曲疲劳强度设计，再验算齿面的接触疲劳强度。对于开式齿轮传动，其主要失效形式是齿面磨损，由于目前尚无可靠的磨损计算方法，故仍按齿根弯曲疲劳强度进行设计，并将求得的模数加大10％～20％。

齿面的接触疲劳强度可按下式计算：

$$\sigma_H = 3.53 Z_E \sqrt{\frac{KT_1}{bd_1^2} \frac{\mu+1}{\mu}} \leqslant [\sigma_H]$$

式中，$[\sigma_H]$ 为齿轮材料的许用接触应力（MPa）；Z_E 为弹性系数（$\sqrt{MPa}$）；T_1 为主动齿轮所传递的扭矩（N·mm）；d_1 为主动齿轮的分度圆直径（mm）；b 为齿轮宽度（mm）；μ 为大、小齿轮的齿数比；K 为载荷系数，一般可取 K＝1.2～2.0。

齿根的弯曲疲劳强度可按下式计算：

$$\sigma_F = \frac{2KT_1}{bm^2 z_1}$$

式中，$[\sigma_F]$ 为齿轮材料的许用弯曲应力（MPa）；m 为模数（m）；z_1 为主动齿轮齿数；Y 为齿形系数。

（五）齿轮的材料及热处理

在选择齿轮材料和热处理时，应使齿面具有足够的硬度和耐磨性，防止齿面点蚀、磨损和胶合失效；同时，轮齿的心部应具有足够的强度和韧性，防止轮齿折断。为满足上述要求，齿轮多使用钢、铸铁等金属材料，并经热处理，也可使用工程塑料等非金属材料。选材时应注意如下事项：

（1）软齿面齿轮（齿面硬度≤350HBS）工艺简单、生产率高，故比较经济。但因齿面硬度不高，限制了承载能力，故适用于载荷速度、精度要求均不很高的场合。硬齿面齿轮（齿面硬度＞350HBS）是经过表面淬火、渗碳淬火或氮化等表面硬化处理后的齿轮。这类齿轮因齿面硬度高，承载能力也高，但成本相应也较高，故适用于载荷、速度和精度要求均很高的重要齿轮。

（2）在一对软齿面齿轮传动中，与大齿轮相比，小齿轮的齿根弯曲疲劳强度较低，且轮齿工作次数多，容易疲劳和磨损。为了使大、小齿轮的使用寿命相接近，应使小齿轮的齿面硬度较大齿轮高30～50HBS，这可以通过选用不同的材料或不同的热处理来实现。

（3）由于锻钢的机械性能优于同类铸钢，所以齿轮材料应优先选用锻钢。对于结构形状复杂的大型齿轮（d_a＞500mm），因受到锻造工艺或锻造设备条件的限制而难以进行锻造，应采用铸钢制造。如低速重载的轧钢机、矿山机械的大型齿轮。

（4）在小功率和精度要求不很高的高速齿轮传动中，为了减少噪声，其小齿轮常用尼龙、夹布胶木、酚醛层压塑料等非金属材料制造。但配对的大齿轮仍应采用钢或铸铁制造，以利于散热。

（六）斜齿圆柱齿轮传动

对于前面所讨论的渐开线直齿圆柱齿轮，其齿面是由发生面沿基圆柱作纯滚动而形成的，并且发生面上的直线平行于发生面与基圆柱的切线 NN′［见图3－12（a）］。所以，两轮齿廓曲面的瞬时接触线是与轴线平行的直线［见图3－12（b）］，因此在啮合过程中，一对轮齿沿着整个齿宽同时进入啮合或退出啮合，轮齿上的载荷是突然加上或卸掉的。同时直齿圆柱齿轮传动的重合度较小，每对轮齿的负荷大，因此传动不够平稳，容易产生冲击、振动和噪声。为了克服以上缺点，改善齿轮啮合性能，常采用斜齿圆柱齿轮。

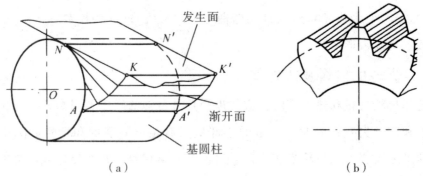

（a）   （b）

（a）直齿圆柱齿轮齿廓曲面的形成原理；（b）直齿圆柱齿轮传动的接触线

图3－12　直齿圆柱齿轮的形成原理和瞬时接触线

斜齿圆柱齿轮的形成原理与直齿圆柱齿轮相似，所不同的是发生面上的直线

KK′与切线 NN′不互相平行，而是形成一个夹角，称为基圆螺旋角，因此斜齿圆柱齿轮的齿廓曲面是一个渐开螺旋面。当一对斜齿圆柱齿轮啮合传动时，两轮齿廓曲面的瞬时接触线是一条斜直线。

因此当一对斜齿圆柱齿轮的轮齿进入啮合时，接触线由短变长，而退出啮合时，接触线由长变短，即它们是逐渐进入和退出啮合的，从而减少了冲击、振动和噪声，提高了传动的平稳性。此外，斜齿轮传动的总接触线长，重合度大，从而进一步提高了承载能力，因此被广泛应用于高速、重载的传动中。斜齿轮传动的缺点：在传动时会产生一个轴向分力，提高了对支撑设计的要求，因此在矿山、冶金等重型机械中，又进一步采用了轴向力可以互相抵消的人字齿轮。

四、蜗杆传动

（一）蜗杆传动的特点

蜗杆传动由蜗杆和蜗轮组成。主要用于传递交错轴间的回转运动和动力，通常两轴交错角为 90°。蜗杆类似于螺杆，有左旋和右旋之分；蜗轮可以看作是一个具有凹形轮缘的斜齿轮，其齿面与蜗杆齿面相共轭。在蜗杆传动中，蜗杆一般为主动件，且种类较多，这里只介绍普通圆柱蜗杆，其齿廓与端面的交线为阿基米德螺旋线，故又称阿基米德螺杆。普通圆柱蜗杆轴向剖面内的齿廓为直线，故其加工方法与车削梯形螺纹相似，工艺性好，容易制造，所以应用最为广泛。

与齿轮传动相比，蜗杆传动的优点如下：

（1）结构紧凑，传动比大。在传递动力时，单级传动的传动比 $i=8\sim80$；在传递运动时，i 可达 1000。

（2）传动平稳，噪声低。

（3）当蜗杆导程角很小时，能实现反行程自锁，用于某些手动的简单起重设备中，可以起到安全保护作用。

蜗杆传动的主要缺点如下：

（1）传动效率较低，发热量大。故闭式传动长期连续工作时必须考虑散热问题。

（2）传递功率较小，不适用于大功率传动。

（3）磨损严重，所以蜗轮齿圈通常需用较贵重的青铜制造，成本较高。

（二）蜗杆传动的主要参数

在蜗杆传动中，把通过蜗杆轴线并与蜗轮轴线垂直的平面称为主平面。它对蜗杆为轴面，对蜗轮为端面。在主平面内，蜗杆的齿廓为直线，蜗轮的齿廓为渐开线，相当于齿轮、齿条传动。为了能正确啮合传动，在主平面内，蜗杆的轴向模数 m_{x1} 应等于蜗轮的端面模数 m_{t2}，且为标准值；蜗杆的轴面压力角 α_{x1} 应等于蜗轮的端面压力角 α_{t2}，且均为标准值 $20°$，即

$$m_{x1} = m_{t2} = m$$

$$\alpha_{x1} = \alpha_{t2} = \alpha = 20°$$

普通圆柱蜗杆与梯形螺杆十分相似，也有左旋和右旋两种，并且也有单线和多线之分。

蜗杆的线数（相当于齿数）越多，则传动效率越高，但加工越困难，所以通常 z_1 取 1、2、4 或 6。蜗轮相应也有左旋和右旋两种，并且其旋向必须与蜗杆相同。蜗轮的齿数 z_2 不宜太少，否则加工时发生根切；但若蜗轮的齿数 z_2 过多，蜗轮的直径过大，则相应的蜗杆越长，刚度越差。通常 z_2 取 29～82。

设蜗杆的转速为 n_1，蜗轮的转速为 n_2，则蜗杆传动的传动比为：

$$i = \frac{n_1}{n_2} = \frac{z_2}{z_1}$$

工程中为了改善蜗杆与蜗轮的接触情况，通常按照展成法加工原理用与蜗杆形状相当的滚刀来加工蜗轮。为了减少滚刀的数量和便于滚刀的标准化，对每一模数的蜗杆只规定了 1～4 种滚刀，其分度圆直径为：

$$d_1 = mq$$

式中，q 称为蜗杆的直径系数。

（三）蜗杆、蜗轮的材料和结构

蜗杆传动轮齿的失效形式和齿轮相似，有轮齿折断、齿面点蚀、胶合和磨损等。但与齿轮传动不同的是蜗杆传动中齿面之间有较大的相对滑动速度，因而发热大、磨损快、更容易产生胶合和磨损失效。因此对蜗杆、蜗轮的材料选择不仅要求有足够的强度，更重要的是材料的搭配应具有良好的减摩性能和抗胶合能力。通常采用钢制蜗杆和青铜蜗轮就能较好地满足这一要求。

第五节　轴系零部件

一、轴

(一) 轴的用途及分类

轴是机械中的重要零件之一。它的主要功用是支撑回转零件，如齿轮、带轮、链轮、凸轮等，以实现运动和动力的传递。根据轴上所受载荷的不同，轴可以分为以下三类。

(1) 心轴为只受弯矩而不受扭矩的轴。当心轴随轴上回转零件一起转动时称为转动心轴，如火车轮轴，见图 3—13 (a)；而固定不转动的心轴称为固定心轴，如自行车前轮轴，见图 3—13 (b)。

(2) 传动轴为只受扭矩而不受弯矩的轴，如汽车的主传动轴、转向轴，见图 3—13 (c)。

(3) 转轴为既承受弯矩、又承受扭矩的轴，如减速器中的轴，见图 3—13 (d)。

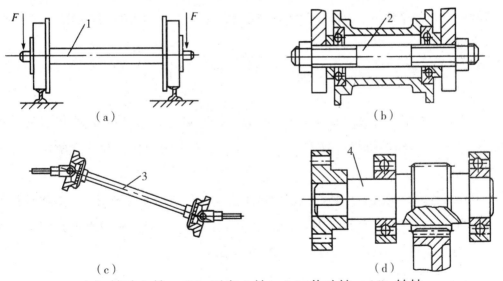

(a) 转动心轴；(b) 固定心轴；(c) 传动轴；(d) 转轴

1—火车轮轴；2—自行车前轮轴；3—汽车主传动轴；4—减速器轴

图 3—13　轴的分类

轴设计的主要问题是选择轴的适宜材料，合理地确定轴的结构，计算轴的工作能力。在一般情况下，轴的工作能力取决于它的强度，为了防止轴的断裂，必须根据使用条件对轴进行强度计算；对于有刚度要求的轴，还要进行刚度计算，以防止产生不允许的变形量。此外，对于高速运转的轴，还应进行振动稳定性计算，以防止共振现象产生。下面重点讨论轴的结构设计和强度设计问题。

（二）轴的材料

由于轴工作时产生的应力多是交变的循环应力，所以轴的损坏常为疲劳破坏。因此轴的材料应具有足够高的强度和韧性、较低的应力集中敏感性和良好的工艺性等特点。轴的主要材料是碳素钢和合金钢。碳素钢比合金钢价廉，且对应力集中的敏感性较低，故应用较广。常用的有 35、45、50 等优质中碳钢，其中以 45 钢应用最广。合金钢比碳素钢具有更高的机械性能和更好的淬火性能，常用于受力较大而且要求直径较小、质量较轻或要求耐磨性较好的轴。常用的有 20Cr、40Cr、40MnB 等。值得注意的是各种碳钢和合金钢的弹性模量相差无几，故采用合金钢并不能提高其刚度。轴也可以采用合金铸铁或球墨铸铁来做。铸铁流动性好，易于成型且价廉，有良好的吸振性和耐磨性，对应力集中不敏感。

（三）轴直径的初步估算

设计轴时，通常先估算轴的最小直径，作为结构设计的依据。轴的最小直径常按扭转强度条件来估算。计算中只考虑轴所承受的转矩，而用降低许用应力的方法来考虑弯矩的影响。计算公式为：

$$d \geqslant \sqrt[3]{\frac{9550 \times 10^3}{0.2\,[\tau_T]}} \sqrt[3]{\frac{P}{n}} \geqslant A\sqrt[3]{\frac{P}{n}}$$

式中，d 为轴的直径（mm）；m 为轴的转速（r/min）；P 为轴所传递的功率（kW）；$[\tau_T]$ 为轴的扭转剪应力（N/mm²）；A 为由轴的材料和承载情况确定的常数。

由此式计算出的直径为轴受扭段的最小直径，若该剖面有键槽时，应将计算的轴颈适当加大，当有一个键槽时，轴颈增大 4%～5%；若同一截面上开两个键槽时，轴颈增大 7%～10%，然后圆整为标准直径。

（四）轴的结构设计

轴主要由轴颈、轴头和轴身三部分组成。轴上被支撑的部分叫轴颈，安装轮毂的部分叫轴头，连接轴颈和轴头的部分叫轴身。轴颈和轴头的直径应按规范圆整取标准值，尤其是装滚动轴承的轴颈必须按照轴承的孔径选取。轴身的形状和尺寸主要按轴颈和轴头的结构决定。轴的结构设计就是使轴的各部分具有合理的形状和尺寸。影响轴的结构因素很多，如轴上零件的类型、尺寸和数量；轴上零件的布置及所受载荷的大小、方向和性质；轴上零件的定位和固定方法；轴的加工及装配工艺等等。因此，轴的结构形式可以是多种多样的，但其结构形状都必须满足三点要求：第一，轴及轴上零件有确定的工作位置，并且固定可靠；第二，轴应便于加工，轴上零件要易于装拆；第三，轴受力合理并尽量减少应力集中。

图 3—14 为一中低速级小齿轮轴的简图。轴上装有带轮和齿轮，并用滑动轴承支撑。为满足上述结构要求，可把轴设计成中间粗、两端细的阶梯形，称为阶梯轴。下面以此为例，具体讨论轴的结构设计问题。

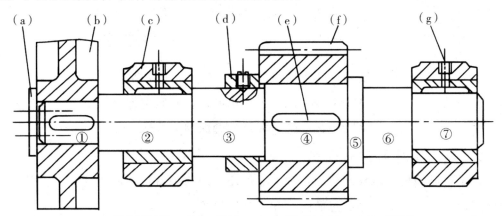

（a）轴端挡圈；（b）带轮；（c）滑动轴承；（d）挡环；

（e）平键；（f）齿轮；（g）注油孔

图 3—14　阶梯轴

1. 轴上零件的轴向固定

为了保证轴上零件有确定的工作位置，防止零件沿轴向移动并传递轴向力，轴上零件和轴系本身必须轴向固定。常用的轴向固定方法有轴肩［图 3—15（a）］、轴环［图 3—15（b）］、套筒［图 3—15（c）］、圆螺母［图 3—15（d）］、轴端挡圈［图 3—15（e）］、弹性挡圈［图 3—15（f）］和紧定螺钉［图 3—15（g）］等方式。

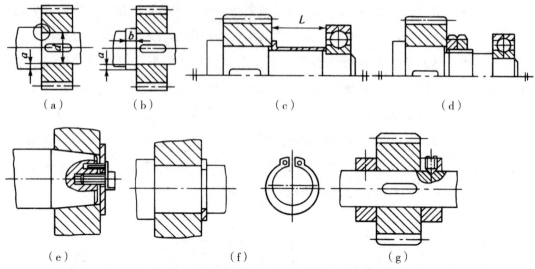

（a）轴肩；（b）轴环；（c）套筒；（d）圆螺母；

（e）轴端挡圈；（f）弹性挡圈；（g）紧定螺钉

图 3－15　轴上零件的轴向固定方法

2. 轴上零件的周向固定

为了可靠地传递运动和转矩，轴上零件还必须与轴有可靠的周向固定。常用的周向固定方法有键、花键、过盈配合和无键连接等。

3. 避免或减小应力集中

轴截面急剧变化处，都会引起应力集中，从而降低轴的疲劳强度。结构设计时，要尽量避免在轴上安排应力集中严重的结构，如螺纹、横孔、凹槽等。当应力集中不可避免时，应采取减小应力集中的措施。如适当加大阶梯轴轴肩处圆角半径、在轴上或轮毂上设置卸载槽等等。由于轴上零件的端面应与轴肩定位面靠紧，使得轴的圆角半径常常受到限制，这时可采用凹切圆槽或过渡肩环。

4. 改善轴的结构工艺性

轴的结构应便于加工和装配，以提高劳动生产率和降低成本。例如：在轴上车削螺纹处一般应有螺纹退刀槽；在磨削处应留有砂轮越程槽；一根轴上的圆角应尽可能取相同的圆角半径；退刀槽或砂轮越程槽取相同的宽度；倒角尺寸相同；各轴段上的键槽应位于同一加工直线上。

5. 轴的强度校核计算

通过结构设计初步确定轴的尺寸后，根据受载情况，可进行轴的强度校核计算。对于一般钢制的轴，可用第三强度理论求出危险截面的当量应力 σ_e，其强度条件为：

$$\sigma_e \sqrt{\sigma_b^2 + 4\tau_T^2} \leqslant [\sigma_b]$$

式中，σ_b 为危险截面上弯矩产生的弯曲应力；τ_T 为扭矩 T 产生的扭剪应力。

二、滚动轴承

滚动轴承是指在滚动摩擦下工作的轴承。它是标准化产品，设计时只需根据工作条件，选用合适类型和尺寸，并进行合理的轴承组合设计。

（一）滚动轴承的结构

滚动轴承的基本结构可用图 3－16 来说明。它由外圈、内圈、滚动体和保持架组成。内圈通常装配在轴上随轴一起旋转，外圈通常装在轴承座孔内，保持架可将滚动体均匀隔开，以减小滚动体的摩擦和磨损。

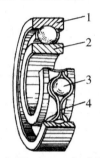

1—外圈；2—内圈；3—滚动体；4—保持架

图 3－16　滚动轴承的构造

（二）常用滚动轴承的类型及代号

滚动轴承按其承受载荷的作用方向，可分为径向接触轴承、向心角接触轴承和轴向接触轴承。

径向接触轴承主要用于承受径向载荷。这类轴承有深沟球轴承（类型代号"6"）、圆柱滚子轴承（类型代号"N"）、调心球轴承（类型代号"1"）和调心滚子轴承（类型代号"2"）。

向心角接触轴承能同时承受径向与单向轴向载荷。这类轴承有角接触球轴承（类型代号"7"）和圆锥滚子轴承（类型代号"3"）。

轴向接触轴承只能承受轴向载荷。这类轴承主要有推力球轴承（类型代号"5"）。

（三）滚动轴承的组合设计

为了保证轴承能正常工作，需要根据各类轴承的特点合理地选择轴承类型和尺寸，还需要正确进行轴承的组合设计。轴承的组合设计主要涉及轴承的固定、配合、润滑和密封等问题。轴承固定的目的是防止轴工作时发生轴向窜动，保证轴、轴承和轴上零件有确定的工作位置。常用的固定方式有两种：一种是两端固定支撑（图 3-17），即每一个支撑只固定轴承内、外圈相对的一个侧面，故只能限制轴的单向移动，两个支撑合在一起才能限制轴的双向移动。这种固定方式结构简单，安装调整容易，适用于工作温度变化不大和较短的轴。另一种是一端固定、一端游动支撑，（图 3-18），即左支撑的轴承内、外圈两侧均固定，从而限制了轴的双向移动。右支撑轴承外圈两侧均不固定，当轴伸长或缩短时轴承可随之作轴向游动。为防止轴承从轴上脱落，游动支撑轴承内圈两侧应固定。这种固定方式结构比较复杂，但工作稳定性好，适用于工作温度变化较大的长轴。

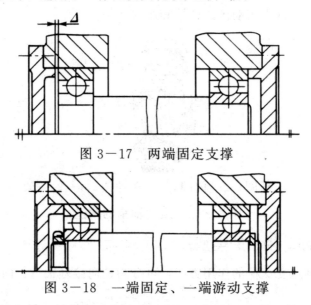

图 3-17 两端固定支撑

图 3-18 一端固定、一端游动支撑

滚动轴承是标准件，故轴承内圈与轴颈的配合按基孔制，外圈与轴承座孔的配合按基轴制。滚动轴承润滑的主要目的是减小摩擦，降低磨损，同时还起到冷却、吸振、防锈和减小噪声等作用。滚动轴承中使用的润滑剂主要是润滑脂和润滑油。润滑脂的优点是密封结构简单，润滑脂不易流失，一次充填后可工作较长时间，但转速较高时，功率损失较大。而润滑油的摩擦阻力小，润滑可靠，但需要有较复杂的密封装置和供油设备。滚动轴承密封的目的是防止灰尘、水分等进入轴承，并阻止润滑剂的流失。密封方法的选择与润滑剂的种类、工作环境、温度及密封表面的圆周速度等有关。密封方法分为接触式和非接触式密封两大类，接触式密封常用的有毡圈式和皮碗式，非接触式密封常用的有间隙式和迷宫式，它们的具体结构和适用范围可参看有关设计资料。

三、滑动轴承

滑动轴承多使用在高速、高精度、重载、结构上要求剖分或低速但有冲击等场合下。如在汽轮机、内燃机、大型电机以及破碎机、水泥搅拌机、滚筒清砂机等机器中均广泛使用滑动轴承。

（一）径向滑动轴承的结构

常见的径向滑动轴承结构有整体式、剖分式和调心式。图3—19为一整体式滑动轴承，它由轴承座和整体轴瓦组成。整体式滑动轴承具有结构简单、成本低、刚度大等优点，但在装拆时需要轴承或轴作较大的轴向移动，故装拆不便。而且当轴颈与轴瓦磨损后，无法调整其间的间隙。所以这种结构常用于轻载、不需经常装拆且不重要的场合。

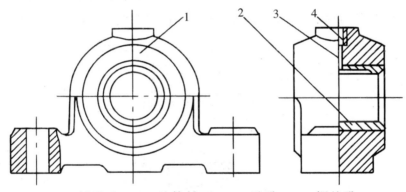

1—轴承座；2—整体轴瓦；3—油孔；4—螺纹孔

图3—19 整体式径向滑动轴承

剖分式轴承的结构如图3—20所示，它由轴承座、轴承盖、剖分式轴瓦和连接螺柱等组成。为防止轴承座与轴承盖间相对横向错动，接合面要做成阶梯形或设置动销钉。这种结构装拆方便，且在接合面之间可放置垫片，通过调整垫片的厚薄来调整轴瓦和轴颈间的间隙。

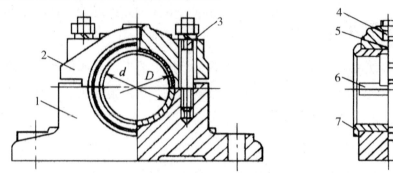

1—轴承座；2—轴承盖；3—双头螺柱；4—螺纹孔；

5—油孔；6—油槽；7—剖分式轴瓦

图 3—20　剖分式径向滑动轴承

调心式轴承的结构如图 3—21 所示，其轴瓦和轴承座之间以球面形成配合，使得轴瓦和轴相对于轴承座可在一定范围内摆动，从而避免安装误差或轴的弯曲变形较大时，造成轴颈与轴瓦端部的局部接触所引起的剧烈偏磨和发热。但由于球面加工不易，所以这种结构一般只用在轴承的长径比较大的场合。

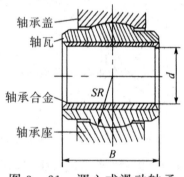

图 3—21　调心式滑动轴承

（二）滑动轴承的失效形式、轴承材料与轴瓦结构

滑动轴承的主要失效形式为磨损和胶合，有时也会有疲劳损伤、刮伤等。因此对滑动轴承材料的主要要求包括：具有足够的强度；具有良好的减摩性和耐磨性；具有良好的塑性、顺应性和嵌藏性；具有良好的导热性和抗胶合性；具有良好的加工工艺性与经济性。现有的轴瓦材料尚不能同时满足上述全部要求，因此设计时应根据使用中最主要的要求选择材料。

常用的轴瓦材料有下列几种。

1. 轴承合金

轴承合金又称巴氏合金。在软基体金属（如锡、铅）中适量加入硬金属（如锑）形成，软基体具有良好的跑合性、嵌藏性和顺应性，而硬金属颗粒则起到支撑载荷、抵抗磨损的作用。按基体材料的不同，可分为锡锑轴承合金和铅锑轴承合金两类。锡锑轴承合金的摩擦系数小，抗胶合性能良好，对油的吸附性强，且易跑合、耐腐蚀，因此常用于高速、重载场合，但价格较高，因此一般作为轴承衬材料而浇铸在钢、铸铁或青铜轴瓦上。铅锑轴承合金的各种性能与锡锑轴承合金接近，但这种材料较脆，不宜承受较大的冲击载荷，一般用于中速、中载的轴承。

2．青铜

青铜类材料的强度高、耐磨和导热性好，但可塑性及跑合性较差，因此与之相配的轴颈必须淬硬。

青铜可以单独做成轴瓦。为了节省有色金属，也可将青铜浇铸在钢或铸铁轴瓦内壁上。用作轴瓦材料的青铜，主要有锡青铜、铅青铜和铝青铜。在一般情况下，它们分别用于中速重载、中速中载和低速重载的轴承上。

3．铸铁

铸铁主要包括灰铸铁和耐磨铸铁。铸铁类材料的塑性和跑合性差，但价格低廉，适于低速、轻载的不重要场合的轴承。

4．粉末冶金材料

粉末冶金材料由金属粉末和石墨高温烧结成型，是一种多孔结构金属合金材料。在孔隙内可以贮存润滑油，常称为含油轴承。运转时，轴瓦温度升高，由于油的膨胀系数比金属大，因而自动进入摩擦表面起到润滑作用。常用于轻载、低速且不易经常添加润滑剂的场合。

5．非金属材料

非金属材料主要包括塑料、橡胶、石墨、尼龙等材料，以及一些合成材料，其优点包括：成本低，对润滑无要求，易成型，抗振动。非金属材料在家电、轻工、玩具、小型食品机械中使用较为广泛。

常用的轴瓦有整体式和剖分式两种结构。整体式轴瓦是套筒形（称为轴套），而剖分式轴瓦多由两半轴瓦组成。

为了把润滑油导入整个摩擦面间，使滑动轴承获得良好的润滑，轴瓦或轴颈上需开设油孔及油沟。油孔用于供应润滑油，油沟用于输送和分布润滑油油孔及油沟的开设原则包括：

（1）油沟的轴向长度应比轴瓦长度短（大约为轴瓦长度的80%），不能沿轴向完全开通，以免油从两端大量流失。

（2）油孔及油沟应开在非承载区，以免破坏承载区润滑油膜的连续性，降低轴承的承载能力。

四、联轴器、离合器与制动器

联轴器、离合器与制动器也是轴系中常用的零部件，它们的功用主要是实现轴与轴之间的结合及分离，或是实现对轴的制动。这些零件大多已标准化、系列化，一般可先根据机器的工作条件选定合适的类型，然后按照计算转矩、轴的转速和轴端直径从标准中选择所需的型号和尺寸。必要时还应对其中易损的薄弱环节进行校核计算。

（一）联轴器

联轴器主要用于轴和轴之间的连接，以实现不同轴之间运动与动力的传递。若要使两轴分离，必须通过停车拆卸才能实现。联轴器根据各种位移有无补偿能力可分为刚性联轴器和挠性联轴器两大类。挠性联轴器又可按是否具有弹性元件分为无弹性元件的挠性联轴器和有弹性元件的挠性联轴器两个类别。

1. 刚性联轴器

这类联轴器主要有套筒式、夹壳式和凸缘式等。这里只介绍应用最广泛的凸缘联轴器。如图 3—22 所示，它是用螺栓将两个带有凸缘的半联轴器联成一体，从而实现两轴的连接。螺栓可以用普通螺栓，也可以用铰制孔螺栓。这种联轴器有两种主要的结构型式：图 3—22 （a）是普通的凸缘联轴器，通常靠铰制孔用螺栓来实现两轴对中；图 3—22 （b）是有对中榫的凸缘联轴器，靠凸肩和凹槽（即对中榫）来实现两轴对中。

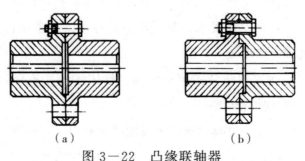

（a）　　　　　　　　　　　（b）

图 3—22　凸缘联轴器

凸缘联轴器的材料可用灰铸铁或碳钢，当受重载或圆周速度大于 30m/s 时，应采用铸钢或锻钢。由于凸缘联轴器属于刚性联轴器，对所联两轴之间的相对位移缺乏补偿能力，因此对两轴对中性的要求很高，且不能缓冲减振，这是它的主要缺点。但由于结构简单、使用方便、成本低，并可传递较大的转矩，因此当转速低、对中性较好、载荷较平稳时也常采用。

2. 挠性联轴器

（1）无弹性元件的挠性联轴器

这类联轴器因具有挠性，因此可补偿两轴的相对位移。但因无弹性元件，故不能缓冲减振。常用的挠性联轴器有十字滑块联轴器和齿式联轴器。

十字滑块联轴器由两个具有径向通槽的半联轴器和一个具有相互垂直凸榫的十字滑块组成。由于滑块的凸榫能在半联轴器的凹槽中移动，故而补偿了两轴间的位移。为了减少滑动引起的摩擦，凹槽和滑块的工作面要加润滑剂。十字滑块联轴器常用 45 钢制造。要求较低时也可以采用 Q275。

齿式联轴器是允许综合位移刚性联轴器中具有代表性的一种，它是由两对齿数相同的内、外齿圈啮合而组成的。两个外齿圈分别装在主、从动轴端上，两个内齿圈在其凸缘处用一组螺栓连接起来，主要依靠内外齿相啮合传递扭矩。外齿的齿顶圆柱面常修成球面，而齿侧面制成鼓形，内外齿圈啮合时则具有较大的顶隙和侧隙，因此这种联轴器具有径向、轴向和角度位移补偿的功能。由于齿式联轴器具有很强的传递载荷能力和位移补偿能力，因此在高速重载工作的机械中有着广泛应用。

（2）弹性元件挠性联轴器

由于这种联轴器中装有弹性元件，所以不仅可以补偿两轴间的综合位移，还具有缓冲和吸振的能力。弹性元件所能储蓄的能量愈多，则联轴器的缓冲能力愈强；弹性元件的弹性滞后性能与弹性变形时零件间的摩擦功愈大，则联轴器的减振能力愈好。它适用于多变载荷、频繁启动、经常正、反转以及两轴不便于严格对中的传动中。这类联轴器目前应用很广，品种也很多。下面仅举两种比较典型的例子。

弹性套柱销联轴器在结构上与凸缘联轴器很近似，不同之处是两个半联轴器的连接不用螺栓，而是用带橡胶弹性套的柱销，它可以作为缓冲吸收元件。柱销材料一般为 45 钢，半联轴器用铸铁或铸钢，它与轴的配合可以采用圆柱或圆锥配合孔。弹性套柱销联轴器制造容易，装拆方便，成本较低，但弹性套易磨损，寿命较短。它适用于连接载荷平稳、需正反转或启动频繁的传递中小转矩的轴。

弹性柱销联轴器的结构如图 3-23 所示，它的构造也与凸缘联轴器的构造相仿。使用弹性的柱销将两个半联轴器连接起来。为了防止柱销脱落，在半联轴器的外侧，用螺钉固定了挡板。柱销一般多用尼龙或酚醛布棒等弹性材料制造。

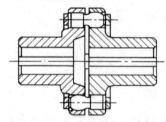

图 3-23　弹性柱销联轴器

弹性柱销联轴器虽然与弹性套柱销联轴器十分相似，但其载荷传递能力更大，结构更为简单，使用寿命及缓冲吸振能力更强，允许被连接两轴有一定的轴向位移以及少量的径向位移和角位移，适用于轴向窜动较大、正反转变化较多和启动频繁的场合，由于尼龙柱销对温度较敏感，故使用温度限制在—20℃～70℃范围内。

（二）离合器

在机器运转中可将传动系统随时分离或接合。对离合器的要求接合平稳，分离迅速而彻底，调节和修理方便；外廓尺寸小，质量小，耐磨性好和有足够的散热能力等等。离合器种类很多，按其工作原理主要可分为嵌入式和摩擦式两类。另外，还有电磁离合器和自动离合器。电磁离合器在自动化机械中作为控制转动的元件而被广泛应用。自动离合器能够在特定的工作条件下，如一定的转矩、一定的转速或一定的回转方向下自动接合或分离。下面着重介绍应用非常广泛的牙嵌式离合器和圆盘摩擦离合器。

1. 牙嵌式离合器

牙嵌式离合器是嵌入式离合器中常用的一种。它由两个端面带牙的半离合器组成。半离合器用平键和主动轴相连接，另一半离合器通过导向平键与从动轴连接，利用操纵杆移动滑环可使离合器接合或分离，对中环固定在半离合器上，使从动轴能在环中自由转动，保证两轴对中。

牙嵌式离合器常用的牙形有矩形、梯形和锯齿形三种。矩形牙不便于离合，磨损后无法补偿，故使用较少；梯形牙容易离合，牙根部强度高，能补偿牙齿的磨损与间隙从而减小冲击，故应用较广。锯齿形牙强度最高，但只能传递单方向的扭矩。

牙嵌式离合器的主要特点是结构简单、尺寸紧凑，传动准确。其失效形式是接合表面的磨损和牙的折断，因此离合器的接合必须在两轴转速差很小或停转时进行。

2. 圆盘摩擦离合器

圆盘摩擦离合器是摩擦式离合器中应用最广的一种，它分为单片式和多片式。

单片摩擦离合器靠一定压力下主动盘和从动盘之间接合面上的摩擦力传递转矩，操纵环使从动盘作轴向位移实现离合。单片摩擦离合器结构简单，散热性好，易于分离，但一般只能用于转矩在 2000N·m 以下的轻型机械（如包装机械、纺织机械），且径向尺寸大。采用多片摩擦离合器既能传递较大的转矩，又可减小径向尺寸，降低转动惯量，图 3－24 所示为多片摩擦离合器，主动轴与外壳，从动轴与套筒均用键连接，外壳大端的内孔上开有花键槽，与外摩擦盘上的花键相连接，因此外摩擦盘与主动轴一起转动，内摩擦盘与套筒也是花键连接，故内摩擦盘与从动轴一起转动，内、外摩擦盘相间安装。当滑环向左移动到图示位置时，曲臂压杆经压板将所有内、外摩擦盘压紧在调压螺母上，从而实现接合；当滑环向右移动时，则实现分离。为了散热和减轻磨损，可以把摩擦离合器浸入油中工作，根据是否浸入润滑油中工作，多片摩擦离合器又可分为干式和湿式。干式反应灵敏；湿式磨损小，散热快。

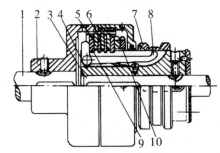

1—主动轴；2—外壳；3—动轴；4—套筒；

5—外摩擦盘；6—内摩擦盘；7—滑环；8—曲臂压杆；

9—压板；10—调压螺母

图 3－24　多片摩擦离合器

（三）制动器

制动器是用来降低机械运转速度或迫使机械停止运转的装置。制动器在车辆、起重机等机械中有着广泛应用。对制动器的要求有体积小、散热好、制动可靠、操纵灵活。按结构特征分，制动器有摩擦式和非摩擦式两大类。下面介绍两种常见的摩擦式制动器。

1. 块式制动器

块式制动器借助瓦块与制动轮间的摩擦力来制动。通电时，励磁线圈吸住衔铁，再通过一套杠杆使瓦块松开，机器便能自由运转。当需要制动时，则切断电流，励磁线圈释放衔铁，依靠弹簧力并通过杠杆使瓦块抱紧制动轮。制动器也可以安排为在通电时起制动作用，但为安全起见，应安排在断电时起制动作用。这种制动器的特点是动作迅速，结构简单，维修方便，但电磁铁工作可靠性低，有冲击，噪声大，适用于短时不频繁操作、工作载荷较低的场合，如卷扬机及绞车等小型设备中。

2. 带式制动器

带式制动器主要由制动轮、制动轮钢带和操纵系统组成。当杠杆上作用外力后，闸带收紧且抱住制动轮，依靠带与轮间的摩擦力实现制动。

带式制动器的特点是结构简单、紧凑，但制动时有附加径向力的作用，常用于中、小型起重运输机械和手动操纵的制动场合。

第四章　先进制造工艺技术

随着市场竞争的日趋激烈化，为了适应激烈的市场竞争及制造业的经营战略不断发展变化的要求，企业必须形成一种优质、高效、低耗、清洁和灵活的制造工艺技术。生产规模、生产成本、产品质量和市场响应速度相继成为企业的经营目标，先进制造工艺应运而生。

第一节　先进制造工艺概述

先进制造工艺是加工制造过程中基于先进技术装备的一整套技术规范和操作工艺，它是在传统机械制造工艺基础上逐步形成的一种制造工艺技术，并随着技术的进步不断变化和发展。先进制造工艺是先进制造技术的核心和基础，是高新技术产业化和传统工艺高新技术化的具体表现和实际结果，一个国家的制造工艺技术水平是核心竞争力的具体体现，其高低决定了制造业在国际市场中的实力。

一、先进制造工艺技术的特点

先进制造工艺技术是指研究与物料处理过程和物料直接相关的各项技术，先进制造工艺技术具有以下四个方面的显著特点。

（1）低耗。随着人类制造水平的提高，对制造所产生的负面效应也得到了应有的关注，先进制造工艺技术应该在满足人类需求的同时，尽量减少对资源的消耗和环境的影响。先进制造工艺技术应满足节省原材料、降低能源消耗、提高能源重复利用率的要求，以减少对于资源的浪费；先进制造工艺技术还应做到少排放或零排放，生产过程不污染环境，符合日益增长、逐渐严苛的环境保护要求。

（2）优质。以先进制造工艺和加工制造出的产品应具有产品质量高、性能好、加工精度高、表面处理好、内部组织致密、无缺陷杂质等特点，最终产品零件具有使用性能好、使用寿命长和可靠性高的性能。

（3）高效。与传统制造工艺技术相比，先进制造工艺技术还应具有高效加工的特征，即极大地缩短加工时间，提高劳动生产率，降低生产成本和操作者的劳动强度，加工过程具有优良的可操作性和易维护性。

（4）灵活。它是指能够快速地变换生产过程和种类，能够对产品设计内容进行灵活更改，可进行多品种的柔性生产，适应多变的产品消费市场需求。

二、先进制造工艺技术的内容

按处理物料的特征来分，先进制造工艺技术包含以下四个方面。

先进制造工艺技术是把各种原材料、半成品加工成为产品的方法和过程。先进制造工艺技术可以划分为以下几类。[①]

（1）精密、超精密加工技术。它是指对工件表面材料进行去除，使工件的尺寸、表面性能达到产品要求所采取的技术措施。精密加工一般指加工精度在 $10 \sim 0.1 \mu m$、表面粗糙度 Ra 值在 $0.1 \mu m$ 以下的加工方法，如金刚车、金刚镗、研磨、珩磨、超精研、砂带磨、镜面磨削和冷压加工等；用于精密机床，精密测量仪器等制造业中的关键零件加工，如精密丝杠、精密齿轮、精密蜗轮、精密导轨、精密滚动轴承等，在当前制造工业中占有极重要的地位。超精密加工是指被加工零件的尺寸公差为 $0.1 \sim 0.01 \mu m$ 数量级、表面粗糙度 Ra 为 $0.001 \mu m$ 数量级的加工方法。

（2）精密成型制造技术。它是指工件成型后只需少量加工就可用作零件的成型技术，它是多种高新技术与传统毛坯成型技术融为一体的综合技术，包括高效、精密、洁净铸造、锻造、冲压、焊接及热处理与表面处理技术。

（3）特种加工技术。它是指那些不属于常规加工范畴的加工。例如，高能束流（电子束、离子束、激光束）加工、高压水射流加工以及电解加工与电火花等加工方法。

（4）表面工程技术。它指采用物理、化学、金属学、高分子化学、电学和机械学等技术及其组合，使表面具有耐磨、耐蚀、耐（隔）热。耐辐射和抗疲劳等特殊功能，从而提高产品质量、延长产品寿命、赋予产品新性能的新技术的统称，是表面工程的重要组成部分，可以采用化学镀、非静态合金技术、节能表面涂装技术、表面强化处理技术、热喷涂技术、激光表面熔敷处理技术和等离子化学气相沉积技术等。

三、先进制造工艺技术的发展趋势

（1）成形精度高，余量小。塑性成形工艺是先进制造工艺技术的重要分支，热

---

① 石文天，刘玉德. 先进制造技术［M］. 北京：机械工业出版社，2018.

加工方面提出了"近无缺陷加工"的目标，零件成形方法出现了"少无余量，近净成形"的发展方向。为实现少缺陷、无缺陷，采取的主要措施有：增大合金组织的致密度，优化工艺设计以实现一次成形及试模成功，加强工艺过程监控及无损检测，进行零件安全、可靠性能研究及评估，确定临界缺陷量值等。在"少无余量，近净成形"的制造工艺过程中，加工余量越来越小，毛坯与零件的界限也趋于减小，有的毛坯成形后，仅需要简单的磨削甚至抛光就能够达到零件的最终质量要求，不需要额外加工，如精铸、精锻、精冲，冷温挤压、精密焊接及切制等。

（2）围绕新型材料拓展加工工艺。新型材料由于其性能优良，强度、硬度较高，采用传统方法加工存在一定困难。通过采用高能束、激光、等离子体、微波、超声波、电液、电磁和高压射流等新型能源载体，形成了多种让人耳目一新的特种加工技术，这些新技术不仅提高了加工效率和质量，还解决了超硬材料、高分子材料、复合材料和工程陶瓷等新型材料的加工难题。将来围绕不同的新材料，还会研发出新的、有针对性的加工工艺，解决其加工问题。

（3）高效超精密加工。先进制造工艺技术不仅要实现高精度、超精密加工，还要实现高速、高效加工。现在的高精度、超精密加工技术已进入纳米加工时代，加工精度达几十纳米，表面粗糙度达纳米级。超精密加工机床由专用机床向多功能模块化方向发展，加工精度逐步提高，超精密加工材料的范围由金属扩大到高分子材料、复合材料等。以高速切削加工技术为例，对于易切削的铝合金，最高切削速度可以达到 6000m/min，进给速度为 2～20m/min，最高可以达到 100～150m/min。

（4）模拟技术和优化控制的广泛采用。随着计算机软硬件技术的发展，其在制造技术，进行模拟加工、预测成形、虚拟装配等方面体现出巨大的技术优势，可以低成本地为制造技术服务。模拟技术已向拟实制造成形的方向发展，成为分散网络化制造、数字化制造及制造全球化的技术基础。先进制造工艺技术的控制技术也随着计算机软硬件的发展而不断跃升，形成了从单机到系统、从刚性到柔性、从简单到复杂等不同档次的多种自动化成形加工技术，使工艺过程控制方式发生了质的变化。

（5）加工设计集成并趋于一体化。由于 CAD/CAM、FMS、CIMS、并行工程、快速原型等先进制造技术的出现，在设计阶段便可以进行制造阶段的模拟仿真以及虚拟检测等，使加工与设计之间的界限逐渐淡化，并趋于一体化，而且冷、热加工之间，加工过程、检测过程、物流过程、装配过程之间的界限也趋向淡化、消失，而集成于统一的制造系统之中。在集成化的智能制造系统和计算机集成制造系统中，可以实现优化设计、模拟加工、预测成形、过程控制、虚拟装配及检验优化等一系列传统制造技术无法完成的工艺环节，实现快速开发和高效生产。

第二节　材料受迫成形工艺技术

材料受迫成形是在特定边界和外力约束条件下的材料成形工艺方法，如铸造、锻压、粉末冶金和高分子材料注射成形等。

一、精密洁净铸造成形技术

（一）精密铸造成形技术

先进的铸造工艺以熔体洁净、组织细密、表面光洁、尺寸精密为特征，可减少原材料消耗，降低生产成本；便于实现工艺过程自动化，缩短生产周期；改善劳动环境，使铸造生产绿色化；保证铸件毛坯力学性能，达到少、无切削的目的。根据铸件的工艺特点，可分为熔模精密铸造、金属型铸造、消失模铸造、压力铸造、低压铸造、离心铸造、陶瓷型铸造和半固态铸造成形。

熔模精密铸造是在蜡模表面涂上数层耐火材料，待其硬化干燥后，将其中的蜡模熔去，制成形壳，再经过焙烧，最后进行浇注而获得铸件。熔模铸造使用易熔材料制成，铸型无分型面，可获得较高尺寸精度和表面粗糙度的各种形态复杂的零件，最小壁厚可达 0.7mm，最小孔径可达 1.5mm。它适用于尺寸要求高的铸件，尤其是无加工余量的铸件（如涡轮发动机叶片）；各种碳钢、合金钢及铜、铝等各种有色金属，尤其是机械加工困难的合金。熔模精密铸造的工艺过程：模具设计与制造→压制蜡模→检测修整蜡模→组树→制壳→脱模→壳模焙烧→熔炼、分析、浇润→碎壳→切割→打磨浇口→抛丸处理→修整→检验。

金属型铸造是将液态金属浇入金属铸型以获得铸件的铸造方法。金属铸型可重复使用。由于金属型导热速度快，没有退让性和透气性，可采用预热金属型、铸型表面喷涂料、提高浇铸温度和及时开型的工艺措施来确保获得优质铸件和延长金属型的使用寿命。金属型生产的铸件，机械性能比砂型铸件高，铸件的精度和表面光洁度比砂型铸件高，质量和尺寸稳定，液体金属损耗量低，可实现"一型多铸"，易实现机械化和自动化。但是其制造成本高，易造成铸件浇不到、开裂和铸铁件白口等缺陷。金属型铸造主要用于铜合金、铝合金等非铁金属铸件的大批量生产，如活塞、连杆、汽缸盖等。

消失模铸造是利用泡沫塑料作为铸造模型，模型在浇铸过程中被熔融的高温浇注液汽化，金属液取代原来泡沫塑料模样占据的空间位置，冷却凝固后即获得所需的铸件。消失模铸造过程包括制造模样、模样组合、涂料及其干燥、填砂及紧实、浇注、取出铸件等工序。消失模铸造铸型紧实后不用起模、分型，没有铸造斜度和活块，取消了型芯，因此可避免普通砂型铸造时因起模、组芯、合箱等引起的铸件尺寸误差和缺陷，铸件的尺寸精度较高；同时由于泡沫塑料模样的表面光洁、粗糙度值较低，消失模铸造铸件的表面粗糙度也较低。铸件的尺寸精度可达 CT5～CT6 级、表面粗糙度可达 $6.3～12.5\mu m$；应用范围广，几乎不受铸件结构、尺寸、重量、材料和批量的限制，特别适用于生产形状复杂的铸件。

消失模铸造简化了铸件生产工序，提高了劳动生产率，容易实现清洁生产，被认为是"21世纪的新型铸造技术"和"铸造中的绿色工程"，目前它已被广泛用于航空、航天、能源行业等精密铸件的生产。

陶瓷型铸造是在砂型铸造和熔模铸造的基础上发展起来的一种精密铸造方法。陶瓷型铸造的工艺过程：硅酸乙酯→硅酸乙酯水溶液/耐火材料/催化剂→准备模型及砂套→灌浆→结胶硬化起模→喷烧→焙烧→熏烟→合箱→（合金熔炼→）浇注→打箱→清理→铸件。

由于陶瓷面层在具有弹性的状态下起模，面层耐高温且变形小，陶瓷型铸造铸件的尺寸精度和表面粗糙度与熔模铸造相近，陶瓷型铸件的大小几乎不受限制，可从几千克到数吨；在单件、小批量生产条件下，投资少，生产周期短。不过，陶瓷不适于生产批量大、质量轻或形状复杂的铸件，生产过程难以实现机械化和自动化。目前陶瓷型铸造主要用于生产厚大的精密铸件，广泛用于生产冲模、锻模、玻璃器皿模、压铸型模和模板等。

半固态铸造是在液态金属的凝固过程中强烈搅动，抑制树枝晶网络骨架的形成，制得形成分散的颗粒状组织金属液，而后压铸成坯料或铸件的铸造方法。它是由传统的铸造技术及锻压技术融合而成的新的成形技术，具有成形温度低、模具寿命长、节约能源、铸件性能好（气孔率大大减少、组织呈细颗粒状）、尺寸精度高（凝固收缩小）、成本低、对模具的要求低、可制复杂零件等优点，被认为是21世纪最具发展前途的近净成形技术之一。

（二）清洁铸造技术

清洁铸造已成为21世纪铸造生产的重要特征，其主要内容包括：①洁净能源，如以铸造焦炭代替冶金焦炭，以少粉尘、少熔渣的感应炉代替冲天炉熔化，以减轻

— 81 —

熔炼过程对空气的污染；②使用无砂或少砂铸造工艺，如压力铸造、金属型铸造、挤压铸造等，以改善铸造作业环境；③使用清洁无毒的工艺材料，如使用无毒无味的变质剂、精炼剂、乳结剂等；④高溃散性型砂工艺，如树脂砂、改性醋硬化水玻璃砂等；⑤废弃物再生和综合利用，如铸造旧砂的再生回收技术、熔炼炉渣的处理和综合利用技术；⑥自动化作业铸造机器人或机械手自动化作业，以代替工人在恶劣条件下工作。

二、精确高效塑性成形技术

金属塑性成形是利用金属的塑性，借助外力使金属发生塑性变形，成为具有所要求的形状、尺寸和性能的制品的加工方法，也称为金属压力加工或金属塑性加工。

（一）精密模锻

精密模锻是在模锻设备上锻造出形状复杂、高精度锻件的锻造工艺。精密模锻件的公差和余量约为普通锻件的 1/3，表面粗糙度 Ra 为 $3.2\sim0.8\mu m$，接近半精加工。和传统模锻相比，精密模锻需精确计算原始坯料的尺寸，以避免大尺寸公差和低精度；需精细清理坯料表面，除净坯料表面的氧化皮、脱碳层及其他缺陷；需采用无氧或少氧化加热法，尽量减少坯料表面形成的氧化皮；精锻模膛的精度必须比锻件精度高两级；精锻模应有导柱导套结构，保证合模准确；精锻模上应开排气小孔，减小金属的变形阻力；模锻进行中要很好地冷却锻模和进行润滑。精密模锻一般都在刚度大、运动精度高的设备（如曲柄压力机、摩擦压力机、高速锤等）上进行，具有精度高、生产率高、成本低等优点。

（二）挤压成形

挤压成形是指对挤压模具中的金属坯锭施加强大的压力，使其发生塑性变形，从挤压模具的模口中流出，或充满凸、凹模型腔，从而获得所需形状与尺寸的精密塑性成形方法。坯料变形温度低于材料再结晶温度（通常是室温）的挤压工艺为冷挤压。冷挤压时金属的变形抗力比热挤压时大得多，但产品尺寸精度较高，可达 IT5～IT9，表面粗糙度 Ra 可达 $3.2\sim0.4\mu m$，且冷变形强化组织，产品的强度得到提高。

（三）超塑性成形

超塑性成形也是压力加工的一种工艺。超塑性是指材料在一定的内部（组织）

条件（如晶粒形状及尺寸、相变等）和外部（环境）条件下（如温度、应变速率等），呈现出异常低的流变抗力、异常高的流变性能（如大的延伸率）的现象。例如，钢断后伸长率超过 500%，纯钛超过 300%，锌铝合金可超过 1000%。按实现超塑性的条件，超塑性主要有细晶粒超塑性和相变超塑性。细晶粒超塑性成形必须满足等轴稳定的细晶组织、一定的变形温度和极低的变形速度三个条件。相变超塑性是在材料的相变或同素异构转变温度附近经过多次加热冷却的温度循环，获得断后伸长率。常用的超塑性成形材料主要是锌铝合金、铝基合金、铜合金、钛合金及高温合金。具有超塑性的金属在变形过程中不产生缩颈，变形应力可降低几倍至几十倍。即在很小的应力作用下，产生很大的变形。具有超塑性的材料可采用挤压、模锻、板料冲压和板料气压等方法成形，制造出形状复杂的工件。

（四）精密冲裁

精密冲裁是使冲裁件呈纯剪切分离的冲裁工艺，是在普通冲裁工艺的基础上通过模具结构的改进来提高冲裁件精度，精度可达 IT6～IT9 级，断面粗糙度 Ra 为 $1.6～0.4\mu m$。精密冲裁通常通过光洁冲裁、负间隙冲裁、带齿圈压板冲裁等工艺手段来实现。光洁冲裁使用小圆角刃口和较小冲模间隙，加强了变形区的静水压力，提高了金属塑性，将裂纹容易发生的刃口侧面变成了压应力区，刃口圆角有利于材料从模具端面向模具侧面流动，消除或推迟了裂纹的发生，使冲裁件呈塑性剪切而形成光亮的断面。光洁冲裁时的凸凹模间隙一般小于 0.01～0.02mm。对于落料冲裁，凹模刃口带有小圆角，凸模为普通结构；对于冲孔加工，凸模刃口带有小圆角，而凹模为普通结构形式。负间隙冲裁的凸模尺寸大于凹模型腔的尺寸，产生负的冲裁间隙。在冲裁过程中，冲裁件的裂纹方向与普通冲裁相反，形成一个倒锥形毛坯。当凸模继续下压时，将倒锥形毛坯压入阴模内。由于凸模尺寸大于凹模尺寸，故冲裁时凸模刃口不应进入凹模型腔孔内，而应与凹模表面保持 0.1～0.2mm 的距离。负间隙冲裁工艺仅适用于铜、铝、低碳钢等低强度、高伸长率、流动性好的软质材料，其冲裁的尺寸精度可达 IT9～IT11，断面粗糙度 Ra 可达 $0.8～0.4\mu m$。带齿圈压板的精冲工艺可由原材料直接获得精度高、剪切面光洁的高质量冲压件，并可与其他冲压工序复合，进行如沉孔、半冲孔、压印、弯曲、内孔翻边等精密冲压成形。

三、粉末锻造成形技术

粉末锻造是一种低成本高密度粉末冶金近净成形技术，它将传统的粉末冶金和精密锻造工艺进行结合。粉末冶金是将各种金属和非金属粉料均匀混合后压制成形，经高温烧结和必要的后续处理来制取金属制品的一种成形工艺。

粉末锻造是指以金属粉末为原料，经过冷压成形，烧结、热锻成形或由粉末经热等静压、等温模锻，或直接由粉末热等静压及后续处理等工序制成所需形状的精密锻件，将传统的粉末冶金和精密模锻结合起来的一种新工艺。典型的粉末锻造工艺流程：粉末制取→模压成形→型坯烧结→锻前加热→锻造→后续处理锻造。

粉末锻造的毛坯为烧结体或挤压坯，或经热等静压的毛坯。由于金属粉末合金化容易，因此有可能根据产品的服役条件和性能要求，设计和制备原材料，从而改变传统的锻压加工都是"来料加工"模式，有利于实现产品、工艺、材料的一体化。粉末锻造工艺应用于制造力学性能高于传统粉末冶金制品的结构零件。因此广泛选择预合金雾化钢粉作为预成形坯的原料。最普通的成分是含镍和钼两合金元素。为了提高粉末锻件的淬透性，一般采取在含镍 0.4％和钼 0.6％的预合金雾化钢粉和石墨的混合粉中加入铜。加入 2.1％以下的铜，经压制、烧结锻造后，锻件表现出比无铜时具有更高的淬透性。

粉末锻造用原材料粉末的制取方法主要有还原法、雾化法，这些方法被广泛用于大批量生产。适应性最强的方法是雾化法，因为它易于制取合金粉末，而且能很好地控制粉末性能。其他如机械粉碎法和电解法基本上用于小批量生产特殊材料粉末。近年来，快速冷凝技术及机械合金化技术被用来制取一些具有特异性能、用常规方法难以制备的合金粉末，并逐渐在粉末锻造领域应用。粉末锻造之所以有如此大的发展，是由于现在可以生产新的、高质量的、低成本的粉末。

粉末锻造一般都是在闭式模腔内进行，因此对模具精度要求较高。模锻时，模具的润滑和预热是两个重要的因素。若加热的型坯与模具表面接触，可能受到激冷，达不到完成致密的目的。因而，为了保证锻件质量，提高模具寿命，降低变形阻力，模具应进行预热处理，预热温度在 200～300℃。模锻过程的模具润滑会大大减小坯料在型腔中的滑移阻力，有利于模锻成形。

锻造时由于保压时间短，坯料内部孔隙虽被锻合，但其中有一部分还未能充分扩散结合，可经过退火、再次烧结或热等静压处理，以便充分扩散结合。粉末锻件可同普通锻件一样进行各种热处理。粉末锻件为保证装配精度，有时还须进行少量的机械加工。

第三节　超精密加工技术

一、超精密加工技术概述

精密、超精密加工技术是指加工精度达到某一数量级的加工技术的总称。零部件和整机的加工和装配精度对产品的重要性不言而喻，精度越高，产品的质量越高，使用寿命越长，能耗越小，对环境越友好。超精密加工技术旨在提高零件的几何精度，以保证机器部件配合的可靠性、运动副运动的精确性、长寿命和低运行费用等。

超精密加工技术是高科技尖端产品开发中不可或缺的关键技术，是一个国家制造业发展水平的重要标志，也是实现装备现代化目标不可缺少的关键技术之一。它的发展综合地利用了机床、工具、计量、环境技术、光电子技术、计算机技术、数控技术和材料科学等方面的研究成果。超精密加工是先进制造技术的重要支柱之一。

精密加工和超精密加工代表了加工精度发展的不同阶段，加工精度按其高低可分为普通加工、精密加工、高精密加工、超精密加工和极超精密加工。由于生产技术的不断发展，划分的界限将逐渐向前推移，过去的精密加工对今天来说已是普通加工，因此，界限是相对的。

根据加工方法的机理和特点，超精密加工可以分为超精密切削、超精密磨削、超精密特种加工和复合加工。

超精密切削的特点是借助锋利的金刚石刀具对工件进行车削和铣削。金刚石刀具与有色金属亲和力小，其硬度、耐磨性及导热性都非常优越，且能刃磨得非常锋利，刃口圆弧半径可小于 $0.01\mu m$，可加工出表面粗糙度 Ra 小于 $0.01\mu m$ 的表面。超精密磨削是在一般精密磨削基础上发展起来的。超精密磨削不仅要提供镜面级的表面粗糙度，还要保证获得精确的几何形状和尺寸。

目前，超精密磨削的加工对象主要是玻璃、陶瓷等硬脆材料，磨削加工的目标是加工出 $3\sim5nm$ 的光滑表面。要实现纳米级磨削加工，要求机床具有高精度及高刚度，脆性材料可进行可延性磨削。此外，砂轮的修整技术也至关重要。

超精密特种加工是指直接利用机械、热、声、光、电、磁、原子、化学等能源的采用物理的、化学的非传统加工方法的超精密加工。超精密特种加工包括的范围很广,如电子束加工、离子束加工、激光束加工等能量束加工方法。

复合加工是指同时采用几种不同能量形式、几种不同的工艺方法的加工技术,例如电解研磨、超声电解加工、超声电解研磨、超声电火花、超声切削加工等。复合加工比单一加工方法更有效,适用范围更广。

二、超精密切削加工

超精密切削加工的典型代表为采用金刚石刀具,进行有色金属、合金、光学玻璃、石材和复合材料的超精密加工,制造加工精度要求很高的零件,如陀螺仪、天文望远镜的反射镜、激光切割机床中的反射镜、计算机磁盘、录像机磁头及复印机硒鼓等。以计算机硬盘基片的高精度加工为例,对铝合金软质基片采用单晶金刚石刀具进行镜面车削,比敷砂研磨加工获得的表面粗糙度更低;当磁层厚度小于 $1\mu m$ 时,金刚石镜面车削比研磨加工的表面粗糙度可提高 14%,而且效率更高。超精密切削加工的关键是能够在被加工表面上进行微量切除,其切除量小于被加工工件的精度,如果能切削 $1nm$,则其加工水平为纳米级。

超精密切削加工刀具必须具备以下特征。

(一)锋利的切削刃

微量切削的最小切削厚度取决于刀具切削刃的圆弧半径,其半径越小,刀具最小切削厚度越小,因此能够制造和设计具有纳米级刃口锋利度的超精密切削刀具是进行超精密切削加工的关键技术。

(二)高强高硬的刀具材料

超精密加工的刀具切削刃应能承受巨大切应力的作用。切削刃在受到很大切应力的同时,切削区会产生很高的热量,切削刃切削处的温度会很高,要求刀具材料应有很高的高温强度和高温硬度。只有超硬刀具材料,如金刚石、立方氮化硼等才能胜任精密加工工作。金刚石材料质地致密,具有很高的高温强度和高温硬度,经过精密研磨,几何形状精度高,表面相精度很低,是目前进行极薄切削的理想刀具材料。超精密切削采用的金刚石刀具也有缺点,如金刚石很脆,怕振动,要求切削稳定。此外,金刚石与铁原子的亲和力大,不适于切削钢铁材料。

(三)切削刃无缺陷

切削过程是切削刃形复映在工件表面的加工,切削刃的任何缺陷都会造成工件的加工精度下降,不能得到理想的光滑表面;同时,刀具材料应与工件材料的抗黏结性好、亲和力小。要实现超微量切削，必须配有微量移动工作台的微量进给驱动装置和满足刀具角度微调的微量进给机构，并能实现数字控制。超精密加工机床必须具备以下性能要求。

（1）极高的精度，包括主轴回转精度、导轨运动精度、定位精度、重复定位精度、分辨率及分度精度。如精密主轴部件要求达到极高的回转精度，转动平稳，无振动，关键在于其高精度的回转轴承，故多采用空气静压回转轴承，其回转精度可达到 $0.025\sim0.05\mu m$，运动平衡，温升较小，故得到广泛采用；但空气静压轴承刚度较低，承载能力较弱，抗震性能较差，故大型超精密机床常采用液体静压轴承。

（2）高的静刚度、动刚度，热刚度和稳定性。超精密机床的总体布局多采用 T 形结构，主轴箱带动工件做纵向运动，横向运动由刀架完成，机床横、纵向导轨都放在机床床身上，成 T 形布局，有利于提高导轨的制造精度和运动精度；而且测量系统安装简单，可以大大提高测量精度。超精密机床床身和导轨采用线膨胀系数小、阻尼特性好、尺寸稳定的花岗石制造。稳定性指机床在使用过程中能够长时间保持高精度、抗干扰、抗振动及耐磨，能够可靠稳定地工作。

（3）具有微量进给装置，能实现数字控制，达到微量切削的目标。超精密切削加工的切削进给和切削深度都较小，必须有精密的微量进给装置，能够进行微米级甚至纳米级切深的精准控制，保证切削用量。可用的微量进给装置有机械传动结构，电磁和弹性变形式结构、压电陶瓷机构等。

目前，常采用压电陶瓷式传感器作为微动执行元件，利用其电致伸缩效应实现微位移。我国已可做到分辨率为纳米级，重复精度为 50nm 的微量进给装置。

三、超精密磨削加工

随着科学技术的不断发展，在尖端技术和国防工业领域中，高精度、高表面质量的硬脆材料得到了广泛应用，如单晶硅片、蓝宝石基片、工程陶瓷、光学玻璃及光学晶体等，对于硬脆材料的加工，超精密切削的方式无法进行加工，必须采用超精密磨削。超精密磨削就是针对这些超硬材料的高精度、高表面质量的加工逐渐发展起来的。由于硬脆材料可获得高度镜面的表面质量，具有很大的应用潜力，但其磨削加工相对困难，砂轮磨削的面状接触比刀具刃部切削阻力要大几倍甚至上百倍，需要高刚度的工艺系统支撑。此外，磨削加工后，被加工表面受切削力和切削热的影响，易产生加工硬化、残余应力、热变形和裂纹等缺陷。

超精密磨削的主要加工刀具是砂轮。目前主要选用金刚石、立方氮化硼砂轮，要求砂轮锐利、耐磨、颗粒大小均匀、分布密度均匀。超精密磨削砂轮常用的结合剂有树脂结合剂、陶瓷结合剂和金属结合剂。用 8000♯粒度铸铁结合剂金刚石砂轮精磨 SiC 非球镜面，Ra 可达 2～5nm，形状精度很高。对极细粒度超硬磨料磨具来讲，砂轮表面容易被切屑堵塞，容屑空间和砂轮锋锐性很难保持。

超精密砂带磨削同时具有磨削、研磨和抛光的多重作用，同样可以达到超精密磨削的效果。砂带磨削是一种高精度、高效率、低成本的磨前方法，广泛应用于各种材料的磨削和抛光，由于其接触面小、发热量少、可有效减少工件变形和烧伤，工件表面粗糙度 Ra 可达到 0.05～0.01μm。

此外，还有确定量微磨技术，最初由美国罗切斯特大学光学研究中心提出，采用高刚度、高精度、高稳定性机床，通过精确控制砂轮的进给、切深及磨削速度，减少磨削加工的不确定性及工件表面损伤，达到高精度、高效率和高质量的加工。确定量微磨技术成形表面粗糙度可达到方均根值为 3nm，优于研磨加工质量和效率。日本根据电泳沉积原理制作了超细磨粒的砂轮，这种砂轮可以有效避免传统砂轮产生的微细磨粒易团聚、均匀性差、无气孔和易脱落等缺点。采用 SiO_2 磨料制作的砂轮对单晶硅、蓝宝石等进行磨削，得到了 Ra 为 0.6nm 的超光滑表面。

四、超精密抛光加工

超精密抛光加工是目前最主要的终加工手段，具有去除量 小、加工精度极高的特点，其加工精度可达到几纳米，加工表面粗糙度可达到 Ra 0.1nm 级。其加工机理是利用微细磨粒的机械和化学作用，在软质抛光工具或电磁场及化学液的作用下，采用物理和化学作用的复合加工，进行微量去除，获得光滑或超光滑表面，得到高质量的加工表面。

抛光加工可分为机械抛光、化学抛光、化学机械抛光、液体抛光、电解抛光和磁流变抛光等，针对硅片加工发展起来的化学机械抛光是目前应用广泛、技术成熟的超精密抛光技术。在硅片的化学机械抛光过程中，加工液会在硅片表面生成水合膜，减少加工变质层的发生。目前，化学机械抛光广泛应用于超大规模集成电路制造中硅片的全面平坦化，是半导体工业中的主导技术之一，而且其应用范围也在不断扩大。

五、超精密加工技术的发展趋势

随着制造业规模和要求精度的不断提升，超精密加工技术的发展呈现以下趋势。

（一）向更高精度、大型化方向发展

加工精度的提高和加工质量的提升是相辅相成的，现阶段的超精密加工技术正从亚微米级、纳米级和亚纳米级向突破纳米尺度的方向发展，这就促使超精密机床、高精度微型刀具、快速响应控制反馈系统及恒温恒湿超洁净环境等支撑系统得到快速发展。作为系统工程的一环，任一技术条件的缺失都会使最终加工效果大打折扣。

超精密加工正在向高效率、大型化加工方向发展。航天航空、电子通信等领域的快速发展，不仅需要高精度、高质量的加工效果，同时对加工效率和加工尺寸也提出了要求，如大型天文望远镜、激光核聚变和大型光学镜面的加工，要求其形状精度达到纳米级，且需求量较大，这就迫使人们研制各种大型超精密加工设备，以同时满足高效率和大型化的加工需要。国防科技大学精密工程创新团队自主研制出我国首台具有自主知识产权的大型纳米精度磁流变和离子束抛光装备，从而实现了将光学零件的方均根值面形误差控制在几纳米以内，突破了大型光学零件高效、高精度和无损伤制造的技术瓶颈。

（二）向微型化方向发展

超精密加工技术除了向大型化发展以外，也正在向微型化发展。人们对于产品小型化、微型化的需求，使得某些具有微纳几何尺度特征元器件，如微型传感器、微电子元件和微型马达等的高精度、低成本加工成为超精密加工亟待解决的问题。探求更微细的加工技术，即超微细加工技术成为下一步的重要研究方向。

（三）向集成化、完整复合加工方向发展

超精密加工装备正向完整复合加工方向发展，并呈现出加工、检测和补偿一体化的趋势。超精密加工装备的自身设计既能保证所需的恒温，恒湿和超洁净环境，又能进行车、铣、磨、抛、检测和补偿加工等一系列超精密加工工艺，而且光电检测技术和手段的不断发展也有力地促进了超精密加工技术。

常规材料在某些领域已经满足不了人们的需求，某些线膨胀系数趋向于零的材料，如陶瓷、环氧树脂和石墨复合材料等，以及具有某些特殊性能的材料，如铁氧体、锆合金和纤维增强复合材料等，也成为超精密加工的被加工材料，为此必须研发适用于这些材料的新原理、新方法，以适应现代先进制造业的需求。

第四节　高速加工技术

高速加工（High Speed Machining, HSM）是高速切削加工技术和高性能切削加工技术的统称，指在高速机床上，使用超硬高强材料的刀具，采用较高的切削速度和进给速度达到高材料切除率、高加工精度和加工质量的现代加工技术。高速切削加工技术在航空航天、汽车船舶制造等方面的广泛应用不仅带来了巨大的经济效益，同时也为面向绿色生态的可持续制造提供了有力的技术支撑，对于促使我国从制造业大国向制造业强国转型具有重要意义

一、高速加工技术的特点

高速加工技术作为先进制造技术的一个重要组成部分，是与时俱进、不断发展的工艺技术，对于其确定的概念目前还没有一个统一的认识。高速切削加工根据不同的切削条件，具有不同的高切削速度范围。

切削速度因不同的工件材料、不同的切削方式而异。一般认为，铝合金超过1600m/min、钢为700m/min、铸铁大于750m/min及纤维增强塑料为2000～9000m/min时即为高速切削加工。不同切削工艺的高速加工切削速度范围为车削700～7000m/min、铣削300～6000m/min、钻削200～1100m/min及磨削大于250m/s等。

对于铝合金等易切削材料，高速切削主要是以提高加工效率为主。在高速切削机床上，采用较高切削速度和进给速度可以大幅度提高材料去除率，缩短非切削加工时间，并且可以利用高速切削切削力小、切削热被切屑带走及加工表面质量高的优点，实现易切削材料大批量高效加工。对于高温合金、钛合金等难加工材料，刀具磨损剧烈，刀具材料经常承受不了过高切削速度带来的高温，刀具失效主要取决于刀具材料的热性能，包括刀具熔点、耐热性、抗氧化性、高温力学性能及抗热冲击性能等方面。

与常规切削加工相比，高速切削加工具有下列特点。

（一）切削速度极高，加工效率高

高切削速度会使单位时间内材料切除率大大增加，可达到常规切削的5～10倍，甚至更高，大大节省了加工时间；同时由于进给速度较大，可使机床非工作时间大幅缩短，从而极大地提高了机床的生产率。

（二）切削力下降

在切削速度达到一定值后，切削力可降低 30％以上，尤其是径向切削力的大幅度减少，特别有利于进行薄壁、肋板等刚性较差零件的高速精密加工。

（三）切削热大部分由切屑带走

由于切削速度极高，90％以上的热量来不及传递给工件便由切屑带走，工件热变形小、残余热应力小，特别适合于对热变形要求较高零件的加工。

（四）可实现无振加工，加工表面质量高

高速切削加工机床的激振频率特别高，它远离了机床工艺系统的低阶固有频率范围，工作平稳、振动小，因而加工质量较高，动态特性较好，能加工出表面质量高的零件。例如，采用聚晶立方氮化硼刀具或陶瓷刀具进行高速切削加工淬硬钢，可实现"以切代磨"，省去磨削工序。尤其是在模具加工方面，由于高速切削表面质量较高，可大大减少甚至替代人工修磨抛光的工作量，大幅提高加工效率，降低生产成本。

二、高速切削加工的关键技术

（一）高速主轴

高速主轴是实现高速切削最关键的技术之一。目前普遍采用高频电主轴，多采用内藏电动机式主轴，即机床主轴作为电动机转子、机床主轴壳体为电动机座的主轴结构。电动机的空心转子用压配合的形式直接套装在机床主轴上，定子带有冷却套，安装在主轴单元的壳体中。根据物理学原理，高频电主轴的功率会随转速的增加而降低，微细切削加工中为达到所需的切削速度，主轴转速高达 30000r/min，其功率也较低，只能进行高转速下的微量切削加工。[1]

高速主轴的轴承作为回转轴支撑，其高速运转性能及回转精度直接决定了高速主轴的精度。常用的高速主轴用轴承有以下几种。[2]

（1）滚珠轴承。当前高速切削机床上装备的主轴多数为滚珠轴承电主轴。陶瓷轴承是采用氮化硅陶瓷做滚珠，轴承的内、外圈由轴承钢制成。与钢球相比，陶瓷球密度较小，重量较轻，因而可大幅度地降低离心力；弹性模量较高，具有更高的

① 高永祥，周纯江. 数控高速加工与工艺 ［M］. 北京：机械工业出版社，2013.
② 刘忠伟，邓英剑. 先进制造技术 ［M］. 北京：国防工业出版社，2011.

刚度而不易变形；摩擦因数小，可减少轴承运转时的摩擦发热，磨损及功率损失。

（2）液体静压轴承。液体静压轴承承载力大，其油膜具有很大的阻尼，动态刚度很高，特别适用于断续切削及轴向切削力较大的加工场合。其运动精度很高，回转误差一般在 $0.2\mu m$ 以下，可以达到很高的加工精度和低的表面粗糙度。与滚珠轴承相比，液体静压轴承的液体有摩擦损失，故驱动功率损失比滚珠轴承大。对于粗加工、要求材料切除量大，但对加工表面粗糙度要求不高时，从经济性考虑应优先采用滚珠轴承主轴。在要求加工精度高、表面质量好的情况下，必须采用液体静压轴承。

（3）空气静压轴承。空气静压轴承可进一步提高主轴的转速和回转精度，适用于工件形状精度和表面粗糙度要求高的场合。但是因其承载能力较低，不适用于大量去除材料的场合，使用中需要洁净的压缩空气，耗气量较大，使用费用和维护费用较高。

（4）磁悬浮轴承。具有高精度、高转速和高刚度的优点，但是机械结构复杂，而且需要一整套的传感器系统和控制电路。此外，还必须有很好的冷却系统，因为其主轴部件和线圈都需要散热，如果散热不好，会导致主轴的温升过大，热胀冷缩造成主轴热变形，从而影响工件的加工精度。

（二）高速进给系统

高速切削机床具有较高的主轴转速，必须有相匹配的进给速度才能获得最佳的每齿进给量，高速进给系统开始采用常规的滚珠丝杠传动，即采用大导程滚珠丝杠传动和增加伺服进给电动机的转速来实现，进给速度可达 $60m/min$ 左右。直线电动机驱动系统的静态特性和结构动态特性主要取决于其位置控制周期，具有短至 $100\sim300\mu s$ 的迟滞时间，可实现高的增益系数并获得足够的承载刚度。常规机床最大速度及使用寿命均受到导轨抗摩擦磨损性能，滚珠丝杠驱动及滚珠丝杠临界转速的影响，对于直线电动机机床，导轨经常设计成滚动轨道以提高其抗摩擦、磨损性能。为保证直线电动机稳定运行，避免其主要元器件的电气损耗，必须安装稳定可靠的冷却系统，保持良好的热稳定性；对机床移动部件，为达到最大速度和加速度应采用轻量化设计，在保证刚度的情况下减轻重量。

（三）高速切削刀具系统

刀具技术在高速切削加工发展中起了重要的作用，正是由于刀具材料的不断发展，切削加工从低速走向高速；也正是刀具材料的限制，切削难加工材料出现的刀具磨损问题严重制约着加工效率，是其向更高速发展的瓶颈问题。

1. 高速切削刀具材料

刀具材料经历了从碳素工具钢、高速工具钢，硬质合金、涂层刀具到陶瓷、立方氮化硼（CBN）、金刚石刀具等的发展历程，切削速度也从以前的 $1\sim10\text{m/min}$ 发展到现在的 1000m/min，提高了上千倍；现代的刀具材料在硬度、强度、耐磨性、耐热性及化学稳定性的提升与最初使用的切削刀具不可同日而语，其发展对于高速切削速度的提升至关重要。高速切削需要刀具材料在较高温度下依然能够保持良好的强度和硬度，同时还要能够抵抗高温、高压及高速等极端条件下的摩擦磨损。涂层硬质合金材料是目前应用范围最广的高速切削刀具，硬质合金作为刀具基体具有较高的强度、硬度和韧性，根据其切削条件，选用不同的涂层以提高表面硬度、耐磨性、耐蚀性及耐热性等，可基本满足高速切削的需要，有较高的成本优势。目前典型的涂层结构有单涂层、多层涂层、多元涂层、纳米涂层、金刚石涂层和 CBN 涂层等。TiC 和 TiN 涂层是应用最广的涂层材料，与 TiC 涂层可达 $2500\sim4200\text{HV}$ 的高硬度相比，TiN 涂层摩擦因数小，应用温度更高，可高达 $600℃$，并且具有更好的耐冲击性能。采用化学气相沉积（CVD）的 Al_2O_3 涂层材料，其切削性能更优于 TiC 和 TiN 涂层，刀具耐用度更高，这是由于 Al_2O_3 涂层在高温下硬度降低小，具有更好的化学稳定性和高温抗氧化性能。常见的单涂层材料还有 CrC、CrN、Cr_2O_3、ZrC、ZrN、BN 和 VN 等。刀具材料的选择一方面应该以经济性为基础，同时考虑刀具工件材料的力学、物理和化学性能匹配，即合理选择切削刀具和工件之间的硬度差、热性能以及耐化学磨损等性能。

2. 切削刀具连接技术

高速铣削加工中一般采用整体式刀柄刀具或基本刀柄—夹头/接柄—刀具组成，有些将刀座和接头做成一个整体，以提高刀具系统整体刚度、精度、抗震性等。高速切削机床主轴的设计采用两面约束定位夹持系统，使刀柄不仅在主轴内孔锥面定位，而且断面同时定位，具有很高的接触刚度和重复定位精度，连接可靠牢固。目前广泛采用的有德国 HSK 刀柄、美国 KM 刀柄和日本 NC5 刀柄等，这些刀柄采用锥度为 1:10 的短锥柄替代原来的 7:24 刀柄，具有广阔的应用前景。目前刀柄系统与刀具连接方式有热缩夹头，高精度弹簧夹头及高精度静压膨胀夹头等。热缩刀柄主要利用热胀冷缩原理，刀柄装刀孔与刀具柄部配合使刀具可靠夹紧，这种连接方式结构简单，同心度好，夹紧力大，动平衡和回转精度高。使用时需要特殊的加热设备，使刀柄内径胀大，装刀后冷却夹紧刀具。这种夹紧夹持方式精度高，传递扭矩大，能承受更大的离心力。目前常用的是 ER 夹头，具有较好的同心度和直径，夹紧力大且精度较高，性价比较好，应用广泛，适用于高速切削。高精度强力弹簧夹头可在高达 30000～40000r/min 的转速下使用，足以满足一般的高速切削需要。液压夹头能够提供较大的夹紧力，且夹紧均匀可靠，具有较高的夹紧精度和重复定位精度，减振能力强，是机械夹头寿命 3～4 倍，适用于主轴转速为 15000～40000r/min 的情况。

3. 刀具动平衡技术和磨损

高速切削条件下，由于速度较高，刀具系统的不平衡会产生离心力，造成机床工艺系统的振动，影响切削加工的稳定性，如加剧主轴、主轴轴承之间的磨损，降低工件加工质量，出现振纹等，并会带来安全隐患，所以高速切削刀具的动平衡性能是整个刀具系统优劣的重要指标。目前各国都制定了相应的刀具动平衡标准，但大多数国家借用了刚体旋转体平衡的国际标准 ISO 1940/1 规定的 G40 平衡质量等级，实际上，大多数精密加工刀具的不平衡品质已经达到了 G2.5 级标准，基本可适应主轴转速为 20000r/min 的加工条件。如果主轴转速高于 15000r/min，建议配备可调节的刀具平衡系统，对刀具动平衡进行调节，如使用平衡调整环、平衡调整螺钉、平衡调整块等去除不平衡量达到平衡的目的。高速切削应尽量选择高质量的刀杆和刀具；减少刀具悬长，选择短而轻的刀具；使用 HSK 刀柄时，定期检查刀具和刀杆的疲劳裂纹和变形等，以尽量避免刀具系统动平衡度差的不利影响。

在常规切削加工中，刀具磨损量随切削速度的增加而增大，但高速切削加工却远没有那么简单，反而在某些研究中，存在一个适合的切削参数范围，在这一范围内，刀具的磨损量最小。刀具磨损是切削刃上各种因素载荷共同作用的结果，取决于刀具材料、工件材料以及作用在切削刃上的各种载荷，高速切削加工将传统加工中施加于刀具上的静载荷，如机械载荷作用、热作用、化学作用和磨料作用等重新进行了动态调整，改变了载荷的分布和作用强度，使切削刀具磨损特征与传统加工有所区别。刀具磨损通常是作用在刀具上的各种载荷产生的不同类型的磨损机理综合施加作用后叠加起来的整体效果，必须根据实际工况磨损中出现的具体磨损形式进行合理分析研究。合理的润滑和刀具材料选择，以及切削参数的适当调整是减少刀具磨损的有效工艺措施。

(四) 高速加工冷却润滑技术

高速切削加工产生的高温会使刀具磨损加剧，缩短刀具寿命，必须采用合理的冷却润滑措施，改善摩擦状态，减少磨损。采用环保的可持续发展战略指导下的冷却润滑技术是高速切削技术发展的必由之路，由此涌现了很多新型的技术，如干式切削、微量润滑切削、喷雾切削以及大流量湿式切削等。高速加工冷却润滑技术根据切削介质施加位置不同，可分为外喷式冷却和内喷式冷却切削；根据切削截止作用温度，可分为高温、常温、低温和超低温等冷却切削。

干式切削指切削中不使用任何液体冷却润滑介质的方法，如纯干式切削或者以气体射流为冷却介质的干式切削。干式切削对刀具材料的要求较高，尤其是材料耐热性方面。

微量润滑（Minimal Quantity Lubrication，MQL）切削是介于干式切削和湿式切削之间的一种新型切削加工方法，其原理是采用微量的切削润滑液，汽化后喷射到加工区域进行有效润滑。该系统可以有效控制切削润滑液的数量，准确喷射到刀具、工件的接触区域，改善其局部摩擦接触情况；气化用的压缩空气还可以吹掉切屑，从而抑制温升，大幅减少切削热的产生。MQL所需的润滑液用量极少，一般为 $5\sim400\mathrm{mL/h}$，合理使用后的工件、切屑以及刀具都是干燥的，避免了后期的一系列清洁处理程序，具有无废弃物、节约成本、无污染的环保优势。

对于难加工材料以及某些必须采用切削液的场合，湿式切削则采用大量切削液循环使用的方法，达到冲屑、润滑及冷却的作用，短期内还无法替代，但其对于环境的污染不可避免，应开发绿色环保无污染的切削介质替代目前污染严重的切削液。

（五）高速加工安全性与监控技术

高速切削加工使得高速机床加工过程危险性大增，以直径为 200mm 的铝合金刀盘为例，当其以 27500r/min 的高转速工作时，刀具破损后，1/4 部分飞出所具有的动能高达 21kJ，而厚度 $5\sim12\mathrm{mm}$ 的普通金属板或者有机玻璃隔板仅能承受 $1.3\sim7.4\mathrm{kJ}$ 的能量，剩余能量还将继续对隔离区外的人员或者物品构成巨大威胁。因此，对于高速机床的安全性应在结构设计、安全防护、加工监控及失效保护等方面进行系统研究。

高速铣削中飞出的刀片具有的动能与开枪射击子弹所具有的能量相当，在机床被动防护方面，机床的防护罩必须能够吸收由碰撞物所释放出的巨大能量，使其尽可能地在隔离区内被消耗掉而不传递到防护区外，可采用较厚的聚碳酸酯板或者多夹层的复合材料护板。在主动安全防护方面，高速机床必须对于切削加工中出现的危险信号，如切削力、主轴的径向位移、刀具破损、主轴振动及轴承温度变化等及时进行采集，如发现异常，可改变加工状态或者采取紧急停机等措施减少潜在危险的发生。这些情况需要在线的快速响应监控系统,目前已有的相关主动安全装置集成了传感器、控制器、执行器,是一种可执行在线监控的机电系统。

三、高速磨削加工的关键技术

高速磨削的主要特点是提高磨削效率和磨削精度。在保持材料切除率不变的前提下,提高磨削速度可以降低单个磨粒的切削厚度,从而降低磨削力,减小磨削工件的形变,易于保证磨削精度;若维持磨削力不变,则可提高进给速度,从而缩短加工时间,提高生产效率。

高速磨削将粗、精加工一同进行。普通磨削时,磨削余量较小,仅用于精加工,磨削工序前需安排许多粗加工工序,配有不同类型的机床。而高速磨削的材料切除率与车削、铣削相当,可以磨代车、以磨代铣,大幅度地提高生产效率,降低生产成本。近年来,高速磨削技术发展较快,现已实现在实验室条件下达到 500m/s 的高速磨削。高速磨削涉及的主要关键技术有如下几个方面。

(一)高速主轴

高速磨削主轴必须配备自动在线动平衡系统,以将磨削振动降到最低程度。例如,采用机电式自动动平衡系统,整个系统内置于磨头主轴内,包含有两个电子驱动元件以及两个可在轴上做相对转动的平衡重块。高速磨削时,磨头主轴的功率损失较大,且随转速的提高呈超线性增长。例如,当磨削速度由 80m/s 提高到 180m/s 时,主轴的无效功耗从不到 20% 迅速增至 90% 以上,其中包括空载功耗、冷却液摩擦功耗、冷却冲洗功耗等,其中冷却润滑液所引起的损耗所占比例最大,其原因是提高磨削速度后砂轮与冷却液之间的摩擦急剧加大,将冷却液加速到更高的速度需要消耗大量的能量。因此,在实际生产中,高速磨削速度一般为 $100\sim200\text{m/s}$。

高速磨床除具有普通磨床的一般功能外,还须具有高动态精度、高阻尼、高抗震性和热稳定性等结构特征。由于该磨床往复频率高,每次往复的磨削量较小,致使磨削力减小,有利于控制工件的尺寸精度,特别适合于高精度薄壁工件的磨削加工。

(二)高速磨削砂轮

高速磨削砂轮必须满足:①砂轮基体的机械强度能够承受高速磨削时的磨削力;②磨粒突出高度大,以便能够容纳大量的长切屑;③结合剂具有很高的耐磨性,以减少砂轮的磨损;④磨削安全可靠。

高速磨削砂轮的基体设计必须考虑高转速时离心力的作用，并根据应用场合进行优化。某型经优化后的砂轮基体外形，其腹板为变截面的等力矩体，基体中心没有大的安装法兰孔，而是用多个小安装螺孔代替，以充分降低基体在法兰孔附近的应力。

冷却润滑液出口流速对高速磨削的效果有很大的影响。当冷却润滑液出口速度接近砂轮圆周速度时，此时的液流束与砂轮的相对速度接近于零，液流束贴附在砂轮圆周上流动，约占圆周的 1/12，就砂轮的冷却与润滑而言，此时的效果最好，而砂轮清洗效果却很小。

四、高速加工技术的应用

(一) 航空制造业

航空制造业是最早应用高速切削加工技术。飞机零件中有大量的铝合金零件、薄壁板件和结构梁等，为保证零部件结构强度、抗震性和加工质量，通常由整块铝合金铣削而成，如采用常规铣削加工方法，存在效率低、成本高、交货期长等缺点，高速切削是解决这方面问题的最有效方法。高速切削可以大幅提高生产率，减少刀具磨损，提高加工零件的表面质量；而且对于某些难加工材料，如镍基合金和钛合金等难加工材料，高速切削更适用，如果配以良好的润滑和冷却，避免刀具过度磨损，则可以获得较好的表面质量和切削效果以及较长的刀具寿命。

某航空发动机高温合金涡轮盘零件进行车削加工，工件为 GH4169 高温合金，直径约 500mm，原有工艺采用硬质合金刀具常规切削，速度为 30m/min 左右，改用陶瓷刀具进行约 150m/min 的速度切削加工后，效率可提高 86%～340%。

(二) 模具加工

高速切削技术也适用于进行模具加工，模具材料多为高强度、高硬度、耐磨的合金材料，加工难度较大，常规方法采用电火花或者线切割加工，生产率低，采用高速切削加工代替电火花加工技术可有效提高模具开发速度和加工质量。例如，应用高速切削技术加工电极，可以快速加工成形，并且可获得较高的表面质量和加工精度，减少了电极和模具的后续加工，大幅度地降低成本；也可以直接加工淬硬模具，应用高速切削加工技术，使用新型超硬刀具材料，可以进行淬硬模具的硬切削加工，其高速切削的材料去除率要优于电火花加工，可以省略电极的制造，并且获得比电火花加工更好的表面质量。

五、高速加工技术的展望

高速加工技术不但可以大幅度提高加工效率、加工质量，降低成本，获得巨大的经济效益，还带动了一系列高新技术产业的发展。因此高速切削技术具有强大的生命力和广阔的应用前景。

对于铝及其合金等轻金属和碳纤维塑料等非金属材料，高速加工的速度目前主要受限于机床主轴的最高转速和功率。故在高速加工机床领域，具有小质量、大功率的高转速电主轴、高加速度的快速直线电机和高速高精度的数控系统的新型加工中心将会进一步快速发展。

对于铸铁、钢及其合金和钛及钛合金、高温耐热合金等超级合金以及金属基复合材料的高速加工，目前主要受刀具寿命的困扰。现有刀具材料高速切削加工这些类型工件材料的刀具寿命相对较短，特别是加工钢及其合金、淬硬钢和超级合金以及金属基复合材料比较突出，人们希望可能达到的加工这些类型材料的高速加工在实际中还远远没有实现，解决这些问题的关键是刀具材料的发展。

在高速切削加工理论方面，尽管国内外进行了大量卓有成效的研究，取得了丰硕且有价值的成果，但在发展中还有很多理论问题需要深入研究。例如：高速加工中不同刀具材料与工件材料相匹配时，最高切削温度及其相应的切削速度与刀具寿命之间的关系；高速切削加工过程中，包括机床、刀具、工件和夹具在内的切削加工系统的切削稳定性对刀具寿命的影响；对于不同工件及其毛坯状态，如何正确选择高速切削加工条件；等等。

第五节　增材制造技术

材料焊接学家关桥院士提出了"广义"和"狭义"增材制造的概念，"狭义"的增材制造是指不同的能量源与 CAD/CAM 技术结合、分层累加材料的技术体系；而"广义"的增材制造则以材料累加为基本特征，以直接制造零件为目标的大范畴技术群。"3D 打印"的专业术语是"增材制造"（Additive Manufacturing，AM），其技术内涵是通过数字化增加材料的方式实现结构件的制造，基于离散—堆积原理，采用材料逐渐累加的方法制造实体零件的技术，相对于传统的材料去除—切削加工技术，是一种"自下而上"的制造方法。

自 20 世纪 80 年代美国 3D Systems 公司发明第一台商用光固化增材制造成形

机以来，出现了20多种增材制造工艺方法。早期用于快速原型制造的成熟工艺有光敏液相固化法、叠层实体制造法、选区激光烧结法、熔丝沉积成形法等。近年来，增材制造又出现了不少面向金属零件直接成形的工艺方法以及经济普及型3D打印工艺方法。

一、光固化成形法

光固化成形法（Stereo Lithography Apparatus，SLA）工艺原理，液槽内盛有液态光敏树脂，工作平台位于液面之下一个切片层厚度。成形作业时，聚焦后的紫外光束在液面按计算机指令由点到线、由线到面逐点扫描，扫描到的光敏液被固化，未被扫描的仍然是液态树脂。当一个切片层面扫描固化后，升降台带动工作平台下降一个层片厚度距离，在固化后层面上浇注一层新的液态树脂，并用刮平器将树脂刮平，再次进行下一层片的扫描固化，新固化的层片牢固地黏接在上一层片上，如此重复直至整个三维实体零件制作完毕。光固化成形法是最早出现的增材制造工艺，其特点是成形精度好，材料利用率高，可达±0.1mm制造精度，适宜制造形状复杂、特别精细的树脂零件。不足之处是材料昂贵，制造过程中需要设计支撑，加工环境有气味等问题。

二、叠层实体制造法

叠层实体制造法（Laminated Object Manufacturing，LOM）是单面带胶的纸材或箔材通过相互黏结形成的。单面涂有热熔胶的纸卷套在供纸辊上，并跨越工作台面缠绕在由伺服电动机驱动的收纸辊上。成形作业时，工作台上升至与纸材接触，热压辊沿纸面滚压，加热纸材背面热熔胶，使纸材底面与工作台面上前一层纸材黏合。

三、选区激光烧结法

选区激光烧结法（Selective Laser Sintering，SLS）是应用高能量激光束将粉末材料逐层烧结成形的一种工艺方法。在一个充满惰性气体的密闭室内，先将很薄的一层粉末沉积到成形桶底板上，调整好激光束强度正好能烧结一个切片高度的粉末材料，然后按切片截面数据控制激光束的运动轨迹，对粉末材料进行扫描烧结。这样，激光束按照给定的路径扫描移动后就能将所经过区域的粉末进行烧结，从而生成零件实体的一个个切片层，每一层都是在前一层的顶部进行，这样所烧结的当前层就能够与前一层牢固地黏接，通过层层叠加，去除未烧结粉末，即可得到最终的三维零件实体。SLS 工艺的特点是成形材料广泛，理论上只要将材料制成粉末即可成形。此外，SLS 不需要支撑材料，由粉床充当自然支撑，可成形悬臂、内空等其他工艺难成形的结构。但是 SLS 工艺需要激光器，设备成本较高。

四、熔丝沉积成形法

熔丝沉积成形法（Fused Deposition Modeling，FDM）使用一个外观很像二维平面绘图仪的装置，用一个挤压头代替绘图仪的笔头，通过挤出一束非常细的热熔塑料丝来成形。FDM 也是从底层开始，一层层堆积，完成一个三维实体的成形过程。FDM 工艺无须激光系统，设备组成简单，其成本及运行费用较低，易于推广但需要支撑材料，此外成形材料的限制较大。目前，真正直接制造金属零件的增材制造技术有基于同轴送粉的激光近形制造（Laser Engineering Net Shaping，LENS）、基于粉末床的选择性激光熔化（Selective Laser Melting，SLM）以及电子束熔化技术（Electron Beam Melting，EBM）等。

LENS 不同于 SLS 工艺，不采用铺粉烧结，而是采用与激光束同轴的喷粉送料方法，将金属粉末送入激光束产生的熔池中熔化，通过数控工作台的移动逐点逐线地进行激光熔覆，以获得一个熔覆截面层，通过逐层熔覆最终得到一个二维的金属零件。这种在惰性气体保护之下，通过激光束熔化喷嘴输送的金属液流，逐层熔覆堆积得到的金属制件，其组织致密，具有明显的快速熔凝特征，力学性能很高，达到甚至超过锻件性能。

SLM 工艺是利用高能束激光熔化预先铺设在粉床上的薄层粉末，逐层熔化堆积成形。该工艺过程与 SLS 类似，不同点是前者金属粉末在成形过程中发生完全冶金熔化，而后者仅为烧结，并非完全熔化。为了保证金属粉末材料的快速熔化，SLM 采用较高功率密度的激光器，光斑聚焦到几十微米到几百微米。成形的金属零件接近全致密，强度达到锻件水平。与 LENS 技术相比，SLM 成形精度较高，可达 0.1~100mm，适合制造尺寸较小、结构形状复杂的零件。但该工艺成形效率较低，可重复性及可靠性有待进一步优化。

EBM 与 SLM 工艺成形原理基本相似，主要差别在于热源不同，前者为电子束，后者为激光束。EBM 技术的成形室必须为高真空，才能保证设备正常工作，这使 EBM 系统复杂度增大。由于 EBM 以电子束为热源，金属材料对其几乎没有反射，能量吸收率大幅提高。在真空环境下，熔化后材料的润湿性大大增强，熔池之间、层与层之间的冶金结合强度加大。但是，EBM 技术存在需要预热问题，成形效率低。

五、3D 打印技术

3D 打印技术（Three-dimensional Printing，3DP）的工作原理类似于喷墨打印机，其核心部分为打印系统，由若干细小喷嘴组成。不过 3DP 喷嘴喷出的不是墨水，而是黏结剂、液态光敏树脂、熔融塑料等。

黏接型 3DP 采用粉末材料成形通过喷头在材料粉末表面喷射出的黏结剂进行黏结成形，打印出零件的一个个截面层，然后工作台下降，铺下一层新粉，再由喷嘴在零件新截面层按形状要求喷射黏结剂，不仅使新截面层内的粉末相互黏结，同时还与上一层零件实体黏结，如此反复直至制件成形完毕。

光敏固化型 3DP 工艺的打印头喷出的是液态光敏树脂，利用紫外线对其进行固化。类似于行式打印机，打印头沿导轨移动，根据当前切片层的轮廓信息精确、迅速地喷射出一层极薄的光敏树脂，同时使用喷头架上的紫外光照射使当前截面层快速固化。每打印完一层，升降工作台精确下降一层高度，再次进行下一层打印，直至成形结束。

熔融涂覆型 3DP 工艺即为熔丝沉积成形工艺。成形材料为热塑性材料，包括蜡、ABS、尼龙等，以丝材供料，丝料在喷头内被加热熔化。喷头按零件截面轮廓填充涂覆，熔融材料迅速凝固，并与周围材料凝结。

增材制造技术以其制造原理的优势成为具有巨大发展潜力的制造技术。然而，就目前技术而言还存在如下的局限。

（1）生产效率的局限。增材制造技术虽然不受形状复杂程度的限制，但由于采用分层堆积成形的工艺方法，与传统批量生产工艺相比，成形效率较低，例如目前金属材料成形效率为 100～3000g/h，致使生产成本过高。

（2）制造精度的局限。与传统的切削加工技术相比，增材制造技术无论是尺寸精度还是表面质量上都还有较大差距，目前精度仅能控制在±0.1mm 左右。

（3）材料范围的局限。目前可用于增材制造的材料不超过 100 种，而在工业实际应用中的工程材料可能已经超过了 10000 种，且增材制造材料的物理性能尚有待于提高。

增材制造技术在迈向低成本、高精度、多材料方面还有很长的路要走。但可坚信，增材制造利用制造原理上的巨大优势，与传统制造技术进行优选、集成，与产品创新相结合，必将获得更加广泛的工业应用。

第六节　微纳制造技术

微纳制造技术指尺度为毫米、微米和纳米量级零件，以及由这些零件构成的部件或系统的优化设计、加工、组装、系统集成与应用技术。微纳制造以批量化制造，结构尺寸跨越纳米至毫米级，包括三维和准三维可动结构加工为特征，解决尺寸跨度大、批量化制造和个性化制造交叉、平面结构和立体结构共存、加工材料多种多样等问题，突出特点是通过批量制造降低生产成本，提高产品的一致性、可靠性。

一、微纳制造工艺概述

机械微加工技术主要针对微小零件的制造，是用小机床加工小零件，具有体积小、能耗低、生产灵活、效率高等特点，是加工非硅材料（如金属、陶瓷等）微小零件的最有效加工方法。机械微加工除了微切削加工外，还可采用精微特种加工技术来实现，比如电火花加工工艺、微模具压制工艺。

（一）光刻工艺技术

光刻加工又称为照相平版印刷，是加工制作半导体结构及集成电路微图形结构的关键工艺技术，是微细制造领域应用较早并仍被广泛采用的一类微制造技术。光刻加工原理与印刷技术中的照相制版类似，在硅半导体基体材料上涂覆光致抗蚀剂，然后利用紫外光束等通过掩膜对光致抗蚀剂层进行曝光，经显影后在抗蚀剂层获得与掩膜图形相同的极微细的几何图形，再经刻蚀等方法，便在硅基材上制造出微型结构。典型的光刻加工工艺过程：氧化→涂胶→曝光→显影→刻蚀→去胶→扩散。

（二）牺牲层工艺技术

牺牲层工艺是制作各种微腔和微桥结构的重要工艺手段，是通过腐蚀去除结构件下面的牺牲层材料而获得的一个个空腔结构。制作双固定多晶硅微桥的牺牲层工艺为：首先是在硅基片上沉淀 SiO_2 或磷玻璃作为牺牲层，并将牺牲层腐蚀成所需图案形状，其作用是为后面工序提供临时支撑，牺牲层厚度一般为 $1 \sim 29 \mu m$。在牺牲层上面，沉淀多晶硅作为结构层材料，并光刻成所需形状。腐蚀去除牺牲层，就得到分离的微桥结构。

（三）LIGA 技术

LIGA 技术是集光刻、电铸成形和微注射三种技术为一体的三维众体微细加工的复合技术。该工艺方法可制造最大高度为 $1000\mu m$ 的微小零件，加工精度达 $0.1\mu m$，可以批量生产多种不同材料的各种微器件，包括微轴类零件、微齿轮、微传感器、微执行器、微光电元件等。LIGA 技术的工艺过程：同步辐射曝光→显影→电铸→去胶成模→模具注塑→去模制成零件。

（四）纳制造工艺技术

所谓纳制造，就是通过各种手段来制备具有纳米尺度的微纳器件或微纳结构。显微镜是当前进行纳制造的一种重要工具手段，包括扫描隧道显微镜、原子力显微镜、激光力显微镜、静电力显微镜，扫描探针等。

二、微纳制造关键技术

随着微纳制造基础科学问题的研究不断深化，涉及的尺度从宏观向介观、微观、纳观扩展，参数由常规向超常或极端发展，以及从宏观和微观两个方向向微米和纳米尺度领域过渡及相互耦合，结构维度由 2D 向 3D 发展，制造对象与过程涉及纳/微/宏跨尺度，尺度与界面/表面效应占主导作用。微纳制造涉及光、机、电、磁、生物等多学科交叉，需要对多介质场、多场耦合进行综合研究。由于微纳器件向更小尺度、更高功效方向发展以及材料的多样性，材料可加工性、测量与表征性成为重要的关键问题。

（一）微纳设计技术

随着微纳技术应用领域的不断扩展，器件与结构的特征尺寸从微米尺度向纳米尺度发展，金属材料、聚合物材料和玻璃等非硅材料在微纳制造中得到了越来越多的应用，多域耦合建模与仿真的相关理论与方法、跨微纳尺度的理论和方法、非硅材料在微纳尺度下的结构或机构设计问题以及与物理、化学、生命科学、电子工程等学科的交叉问题成为微纳设计理论与方法的重要研究方向。

（二）微纳设计平台

集成版图设计、器件结构设计和性能仿真、工艺设计和仿真、工艺和结构数据库等在内的微纳设计平台；微纳设计平台和 AuToCAD、ANSYS 等其他技术平台的数据交换技术等。

（三）微纳器件和系统可靠性

微纳器件可靠性设计技术、微纳器件质量评价和认证技术、典型可靠性测试结构技术等。

（四）复杂结构的设计

多材料、跨尺度、复杂三维结构的设计和仿真技术；与制造系统集成的微纳制造设计工具。

（五）微纳加工技术

低成本、规模化、集成化以及非硅加工是微加工的重要发展趋势。目前从规模集成向功能集成方向发展，集成加工技术正由二维向准三维过渡，三维集成加工技术将使系统的体积和重量减少1～2个数量级，提高互连效率及带宽，提高制造效率和可靠性。非硅微加工技术扩展了 MEMS（Micro Electro Mechanical System，微机电系统）的材料，通过硅与非硅材料混合集成加工技术的研究和开发，将制备出含有金属、塑料、陶瓷或硅微结构，并与集成电路一体化的微传感器和执行器。针对汽车、能源、信息等产业以及医疗与健康、环境与安全等领域对高性能微纳器件与系统的需求以及集成化、高性能等特点，重点研究微结构与 IC、硅与非硅混合集成加工及三维集成等集成加工，MEMS 非硅加工，生物相容加工，大规模加工及系统集成制造等微加工技术。

纳米加工就是通过大规模平行过程和自组装方式，集成具有从纳米到微米尺度的功能器件和系统，实现对功能性纳米产品的可控生产。目前被认同的批量化纳米制造技术主要集中在纳米压印技术、纳米生长技术、特种 LIGA 技术、纳米自组装技术等领域。针对纳米压印技术、纳米生长技术、特种 LIGA 技术、纳米自组装技术等纳米加工技术，研究纳米结构成形过程中的动态尺度效应、纳米结构制造的多场诱导、纳米仿生加工等基础理论与关键技术，形成实用化纳米加工方法。

（六）微纳复合加工

随着微加工技术的不断完善和纳米加工技术与纳米材料科学与技术的发展，发挥微加工、纳米加工和纳米材料的各自特点，出现了纳米加工与微加工结合的自上而下的微纳复合加工和纳米材料与微加工结合的自下而上的微纳复合加工等方法，是微纳制造领域的重要发展方向，重点研究"自上而下"的微纳复合加工、纳米材料与微加工结合"自下而上"的微纳复合加工和从纳米到毫米的多尺度结合等微纳复合加工技术。

（七）微纳操作、装配与封装技术

针对微机电系统的组装、纳米互连和生物粒子等操作，需要研究基于单场或多场和尺度效应的高精度、高通量、低成本和多维操纵技术。由于微纳结构、器件和系统的多样性，利用不同材料和加工方法制作的、不同功能、不同尺度的多芯片的集成封装最具代表性，是实现光、机、电、生物、化学等复杂微纳系统的重要技术，跨尺度集成是微纳制造中的关键问题之一。重点研究基于单场或多场和尺度效应的高精度、高通量、低成本和多维操纵方法与关键技术。由于在微纳尺度下进行装配，精密定位与对准、黏滞力与重力的控制、速度与效率等面临挑战，因此高速、高精度、并行装配技术成为未来的发展方向。微纳器件或系统的封装成本往往约占整个成本的 70%，高性能键合技术、真空封装技术、气密封装技术、封装材料、封装的热性能、机械性能、电磁性能等引起的可靠性等技术是微纳器件与系统制造的"瓶颈技术"。

（八）微纳测试与表征技术

特征尺寸和表面形貌等几何参数的测量，表面力学量及结构机械性能的测量，含有可动机械部件的微纳系统动态机械性能测试，微纳制造工艺的实时在线测试方法和微纳器件质量快速检测等是微纳测试与表征领域的重要问题。微纳测试与表征技术正朝着从二维到三维、从表面到内部、从静态到动态、从单参量到多参量耦合、从封装前到封装后的方向发展。探索新的测量原理、测试方法和表征技术，发展微纳制造实时在线测试方法和微纳器件质量快速检测系统已成为微纳测试与表征的主要发展趋势。重点研究微纳结构中几何参量、动态特性、力学参数与工艺过程特征参数等微纳测试与表征原理和方法，大范围和高精度的微纳三维空间坐标测量、圆片级加工质量的在线测试与表征、微纳机械力学特性在线测试等微纳制造过程检测技术与装备，微纳结构、器件与系统的可靠性测量与评价技术等。

（九）微纳器件与系统技术

工业与生产、医疗与健康、环境与安全等工业与民生科技领域是微纳器件和系统的重要应用领域，批量化、高性能以及与纳米与生物技术结合是微纳器件与系统的重点和前沿发展方向。利用和结合多种物理、化学、生物原理的新器件和系统，超高灵敏度和多功能高密度的微纳尺度及跨尺度器件和系统将是发展的主流方向。微纳器件与系统由于具有微型化、高性能、低成本、批量化的特点，在汽车、石油、航空航天等国民经济支柱行业以及医疗、健康、环境、安全等民生科技领域具有广阔的应用前景,并将催生出许多新兴产业。

三、微纳制造技术的应用

微纳器件及系统因其微型化、批量化、成本低的鲜明特点,对现代生产、生活产生巨大的促进作用,为相关传统产业升级实现跨越式发展提供了机遇,并催生了一批新兴产业,成为全世界增长最快的产业之一。在汽车、石化、通信等行业得到了广泛应用,目前向环境与安全、医疗与健康等领域迅速扩展,并在新能源装备,半导体照明工程,柔性电子、光电子等信息器件方面具有重要的应用前景。

(一)汽车电子与消费电子产品

我国是世界汽车制造大国,目前一辆中档汽车上应用的传感器约 40 个,豪华汽车则超过 200 个,其中 MEMS 陀螺仪、加速度计、压力传感器、空气流量计等MEMS 传感器约占 20%。我国是世界上最大的手机、玩具等消费类电子产品的生产国和消费国,微麦克风、射频滤波器、压力计和加速度计等 MEMS 器件已开始大量应用,具有巨大的市场。

(二)新能源产业

用碳纳米管材料制造燃料电池可使得表面化学反应面积产生质的飞跃,大幅度提高燃料电池的能量转换效率,需要解决纳米材料(如碳纳米管)的低成本、大批量制造以及跨尺度集成等制造技术。光伏市场正在以年均 30% 左右的速度增长。物理学研究表明,太阳电池能量转换效率的理论极限在 70% 以上,太阳能电池的表面减反结构是影响转换效率的重要因素,需要研究新型太阳能电池材料、太阳能电池功能微结构设计与制造等方面的基础理论、新原理和新方法。

(三)新型信息与光电器件

柔性电子是建立在非结晶硅、低温多晶硅、柔性基板、有机和无机半导体材料等基础上的新型电子技术。柔性电子可实现在任意形貌、柔性衬底上的大规模集成,改变传统集成电路的制造方法。据预测,到 2025 年柔性电子产能可达到 3000亿美元。制造技术直接关系到柔性电子产业的发展,目前待解决的技术问题包括有机、无机电路与有机基板的连接和技术,精微制动技术,跨尺度互联技术,需要全新的制造原理和制造工艺。21 世纪光电子信息技术的发展将遵从新的"摩尔定律",即光纤通信的传输带宽平均每 9~12 个月增加一倍。据预测,未来 10~15 年内光通信网络的商用传输速率将达到 40Tb/s,基于阵列波导光栅(集成光路)的集成光电子技术已成为支撑和引领下一代光通信技术发展的方向。

（四）民生科技产业

基于微纳制造技术的高性能、低成本、微小型医疗仪器具有广泛的应用和明确的产业化前景。基于微纳制造技术研究开发视觉假体和人工耳蜗，是使盲人和失聪人员重见光明、回到有声世界的有效途径。

随着经济建设的快速发展，工业生产和城市生活引起的环境污染十分严重，生产和生活中的安全事故隐患十分突出，环境与安全问题已成为我国社会发展的战略任务，如大气、水源、工业排放的监测，化工、煤矿、食品等行业的生产安全与质量监测等，用于环境与安全监测的微纳传感器与系统成为重要的发展方向和应用领域。

第五章　加工设备自动化

加工设备自动化是指在加工过程中，所用的加工设备能够高效、精密、可靠地自动进行加工，并能进一步集中工序且具有一定的柔性。所谓高效，就是生产率要达到一定高的水平；精密，就是加工精度要求成品公差带的分散度小，成品的实际公差带要压缩到图样中规定的一半或更小，期望成品不必分组选配，从而达到完全互装配，便于实现"准时方式"的生产；可靠，就是设备已能达到极少故障的要求，利用班间休息时间按计划换刀，能长年三班制不停地生产。此外，设备能进一步集中工序，即在一台设备或一个自动化加工系统中完成一个工件从坯料到总装前的全部工序，提高加工经济性。设备还可能有一定的柔性，以适应少品种的生产，甚至有较大的柔性，以适应多品种的生产。

第一节　加工设备自动化概述

一、加工设备自动化的意义

机械加工设备是机械制造的基本生产手段和主要组成单元，加工设备生产率得到有效提高的主要途径之一是采取措施缩短其辅助时间。加工设备工作过程的自动化可以缩短辅助时间、改善工人的劳动条件并减轻工人的劳动强度。因此，世界各国都十分注重发展加工设备的自动化。不仅如此，单台加工设备的自动化能较好地满足零件加工过程中某个或几个工序的加工半自动化和自动化的需要，为多机床管理创造了条件，是建立生产自动线和过渡到全盘自动化的必要前提，是机械制造业进一步向前发展的基础。因此，加工设备的自动化是零件整个机械加工工艺过程自动化的基本问题之一，是机械制造过程中实现零件加工自动化的基础。

二、加工设备自动化的途径

加工设备自动化主要是指实现了机床的加工循环自动化和辅助工作自动化。加工设备自动化的主要内容见表5—1。

表 5-1　加工设备自动化的主要内容

自动加工设备源	半自动加工设备	机床加工自动化循环	自动控制系统
			执行机构
			位置检测
		工件自动转位	—
		自动测量及控制	—
		刀具的自动补偿	—
		自动更换刀具	—
		自动排屑工具	—
	自动装卸工件	—	—

在一般情况下，只实现了加工过程自动化的设备称为半自动加工设备，只有实现了加工过程自动化，并具有自动装卸能力的设备，才能称为自动化加工设备。机床加工过程自动化的主要内容是加工循环自动化，至于其他内容则根据机床加工要求的不同而有所差异，自动化水平高的机床，包含的内容就多些。

实现加工设备自动化的主要途径如下：

（1）对半自动加工设备，通过配置自动上、下料装置来实现加工设备的完全自动化。

（2）对通用加工设备，运用电气控制技术、数控技术等进行自动化改造。

（3）根据加工工件的特点和工艺要求设计制造专用的自动化加工设备，如组合机床等。

（4）采用数控加工设备，包括数控机床、加工中心等。

目前，机械制造厂拥有大量的各类通用机床，对这类机床进行自动化改装来实现单机自动化是提高劳动生产率的途径之一。由于通用机床在设计时并未考虑进行自动化改装的需要，所以在改装时常常受到若干具体条件的限制，给改装带来困难。因此在进行机床自动化改装时，必须重视三点要求：①被改装的机床必须具有足够的精度和刚度；②改装和添置的自动化机构和控制系统必须可靠、稳定；③尽可能减少改装工作量，保留机床的原有结构，充分发挥机床原有的性能，这样可以减少投资。

设计和制造专用自动化机床的前提条件是被加工的产品结构稳定，生产批量大，能充分发挥机床的效率，这样才能取得较好的经济效果。

三、自动化加工设备的生产率分析与分类

(一) 生产率分析

当自动化加工设备连续生产时，加工一个工件的工作循环时间 t_g 是由切削时间和空程辅助时间组成的，即

$$t_g = t_q + t_f$$

式中，t_q 为刀具对工件进行切削的时间，包括切入和切出时间；t_f 为空程辅助时间，包括机床执行机构的快速空行程时间，以及装料、卸料、定位、夹紧和测量等辅助时间。

因此，由工作循环所决定的生产率 Q (件/分) 为

$$Q = 1/t_g = 1/(t_q + t_f)$$

显然，为了提高生产率，必须同时减少 t_q 和 t_f。

为进一步分析减少 t_q 和 t_f 之间的相互关系，将上式变换为以下形式

$$Q = 1/(t_q + t_f) = \frac{1/t_q}{1 + t_f/t_q}$$

$$Q = \frac{K}{1 + K_{t_f}}$$

式中，K 为理想的工艺生产率，$K = 1/t_q$。

以 K 为横坐标、Q 为纵坐标，根据不同的 t_f 值，可作曲线组，如图 5-1 所示。

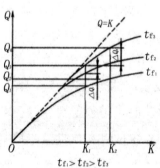

图 5-1　机床生产率曲线

从图中可以看出：

(1) 当 t_f 为某一定值时 (如 t_{f_1})，虽然减少切削时间 (即增加 K)，开始时生产率 Q 有较显著的增长，但之后由于 t_f 的比重相对增大，生产率 Q 的提高就越来越不显著了。

(2) 如果进一步减少 t_f，则 t_f 越小，增加 K 时生产率 Q 的提高就越显著。

（3）当切削时间 t_q 越少时，减少 t_f 对提高生产率 Q 的收效就越大。

由此可见，t_q 和 t_f 对机床生产率的影响是相互制约且相互促进的。当生产工艺发展到一定水平，即理想工艺生产率 K 提高到一定程度时，必须提高机床自动化程度，进一步减少空程辅助时间，促使生产率不断提高。另一方面，在相对落后的工艺基础上实现机床自动化，带来的生产率的提高是有限的，为了取得良好的效果，应当在先进工艺的基础上实现机床自动化。

（二）分类

随着科学技术的发展，加工过程自动化的水平不断提高，使得生产率得到了很大提高，先后开发了适应不同生产率水平要求的自动化加工设备，主要有以下几类。

1. 全（半）自动单机

全（半）自动单机又分为单轴和多轴全（半）自动单机两类。它利用多种形式的全（半）自动单机所固有的和特有的性能来完成各种零件和各种工序的加工，是实现加工过程自动化普遍采用的方法。机床的类型和规格根据需要完成的工艺、工序及坯料情况进行选择；此外，还要根据加工品种数、每批产品数量和品种变换的频度等选用控制方式。在半自动机床上有时还可以考虑增设自动上下料装置、刀库和换刀机构，以便实现加工过程的全自动。

2. 一般数控机床

数控机床是用数字代码形式的程序控制机床，按指定的工作程序、运动速度和轨迹进行自动加工的机床。现代数控机床常采用计算机进行控制，加工工件的源程序可直接输入到具有编程功能的计算机内，由计算机自动编程，并控制机床运行。

3. 加工中心

加工中心是更高级形式的数控机床，它除了具有一般数控机床的特点外，还具有一些特有的特点。加工中心具有刀具库及自动换刀机构、回转工作台和交换工作台等，有的加工中心还具有可交换式主轴头或卧——立式主轴。

4. 组合机床

组合机床是以通用部件为基础，配以少量按加工工件的特定形状和加工工艺设计的专用部件和夹具而组成的机床。组合机床主要用于箱体、壳体和杂件类零件的平面、各种孔和孔系的加工，并能在一台机床上对工件进行多刀、多轴、多面和多工位的自动加工。

5. 自动线

自动线由工件传输系统和控制系统将一组自动机床和辅助设备按工艺顺序连接起来，可自动完成产品的全部或部分加工过程的生产系统，简称自动线。例如：由自动车床组成的自动线可用于加工轴类和环类工件；由组合机床组成的自动线可用于加工发动机缸体和缸盖类工件。

6. 柔性制造单元

柔性制造单元一般由 1～3 台数控机床和物料传输装置组成。单元内设有刀具库、工件储存站和单元控制系统。机床可自动装卸工件、更换刀具并检测工件的加工精度和刀具的磨损情况；可进行有限工序的连续加工，适于中小批量生产应用。

第二节 切削加工自动化

切削加工是使用切削工具（包括刀具、磨具和磨料等），在工具和工件的相对运动中，把工件上多余的材料层切除成为切屑，使工件获得规定的几何形状、精度和表面质量的加工方法。切除材料所需的能量主要是机械能或机械能与声、光、电、磁等其他形式能量的复合能量。切削加工历史悠久，应用范围广，是机械制造中最主要的加工方法，也是实现机械加工过程自动化的基础。

切削加工有许多种分类方法，最常用的是按切削方法分类，包括车削、钻削、镗削、铣削、刨削、插削、锯削、拉削、磨削、精整和光整加工等。相对应的就有各种切削加工设备。本节只简要介绍几种常见的切削加工自动化方法。

切削加工生产率的提高除与工具材料的发展关系较大（切削效率与工具材料的高温硬度和韧性有关）外，与切削加工设备的自动化程度的提高有更大的关系（减少切削加工辅助时间）。切削加工技术随着微电子技术和计算机技术的迅速发展而发展。切削加工设备越来越多地使用数控技术，使得其自动化水平不断提高，正朝着数控技术、柔性制造技术方向发展。切削加工自动化的根本目的是提高零件的切削加工精度、切削加工效率、节材、节能并降低零件的加工成本，因为这些都是切削加工领域的永恒主题。

一、车削加工自动化

车削加工是通过车刀与随主轴一起旋转的工件的相对运动来完成金属切削工作的一种加工形式。车削加工设备称为车床，是所有机械加工设备中使用最早、应用最广和数量最多的设备。车削加工自动化包括多个单元动作的自动化和工作循环的自动化，其发展方向主要是数控车床、车削中心和车削柔性单元等。

（一）单轴机械式自动车床

单轴机械式自动车床能按一定程序自动完成工作循环，主要用于棒料、盘料的加工。它一般采用凸轮和挡块自动控制刀架、主轴箱的运动和其他辅助运动。其主要类型有单轴纵切自动车床、主轴箱固定型单轴自动车床、单轴转塔自动车床和单轴横切自动车床等。图5－2为NG－1014B型单轴自动车床传动系统原理图，其分配轴传动由主轴上带轮T、G传至传动轴I的空套带轮H，经I、K、M，再经N至S。在带轮S的轴上，装有机动、手动结合子R。当机动结合子接通时，通过R传至Q（小齿轮），经Q将运动传至分配轴左端的大齿轮而带动分配轴转动。当需要手动操作时，只需将结合子R推至手动位置，用手转动手把O即可。分配轴可以拆下（分配轴上凸轮不拆）而换上加工另一种零件所需的分配轴（包括凸轮），可节省再次加工零件的调整时间。

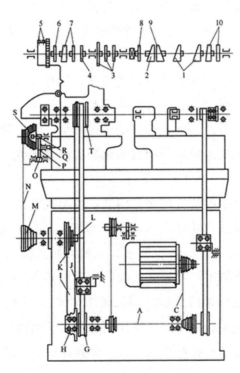

1—1号纵向进给凸轮；2—接料臂进给凸轮；3—1、2号进给凸轮；

4—1、4号进给凸轮；5—夹紧松开凸轮；6—3号进给凸轮；

7—铣槽用凸轮；8—挡料臂摆动凸轮；9—螺纹附件进给凸轮；

10—螺纹附件变速凸轮

图5－2　NG－1014B型单轴自动车床传动系统原理图

（二）数控车床

数控车床是 20 世纪 50 年代出现的，它集中了卧式车床、转塔车床、多刀车床、仿形车床及自动和半自动车床的主要功能，主要用于回转体零件的加工，它是数控机床中产量最大、用途最广的一个品种。与其他车床相比，数控车床具有精度高、效率高、柔性大、可靠性好和工艺能力强等优点，并且能按模块化原则设计制造。

数控车床的主要特点如下：

（1）主轴转速和进给速度高。

（2）加工精度高。当数控系统具有前馈控制时，可使伺服驱动系统的跟踪滞后误差减小，拐角加工和弧面切削时加工精度得到改善和提高。由于具有各种补偿控制，并采用了高分辨率的位置编码器，故位置精度得到了提高。采用直线滚动导轨副，摩擦阻力小，可避免低速爬行，保证了高速定位精度。

（3）能实现多种工序复合的全部加工。当机床具有第二主轴（辅助主轴或尾座主轴均属于第二主轴）时，能完成工件背端加工，在一台机床上实现全部工序的加工。

（4）具有高柔性。第二主轴能自动传递工件；具有刀尖位置快速检测、快换卡爪、转塔刀架刀具快换以及刀具和工件监控等装置。

数控车床的类型主要有通用型、卡盘型、排刀型、双主轴型、棒料型以及一些专门化车床等。现对其主要组成部分的自动化进行简单介绍。

1. 传动系统

传动的作用是把来自数控装置的指令信息，经功率放大、整形处理后，转换成机床执行部件的直线位移或角位移。传动系统包括驱动装置和执行机构两大部分。驱动装置由主轴驱动单元、进给驱动单元和主轴伺服电动机、进给伺服电动机组成。步进电动机、直流伺服电动机和交流伺服电动机是常用的驱动装置。其电动机双速变换由微机控制（也可采用变频电动机无级调速），主轴箱及刀架由微机控制的步进电动机，通过蜗杆副、滚珠丝杠螺母副传动；其余辅助动作均由微机控制的液压系统来实现。进给运动的脉冲当量（即一个脉冲所产生的进给轴移动量）为

$$Z \text{ 轴（主轴箱进给）}(1/\text{PLS}) \times \frac{0.75°}{360°} \times \frac{4}{20} \times 3\text{mm} = 0.00125\text{mm/PLS}$$

$$X \text{ 轴（刀架进给）}(1/\text{PLS}) \times \frac{1.5°}{360°} \times \frac{3}{30} \times 3\text{mm} = 0.00125\text{mm/PLS}$$

2. 刀架系统

数控车床常用转塔刀架和排刀架，各种刀架均可按需要配备动力刀座，有的还

可采用带刀库的自动换刀装置。二轴控制的数控车床，在一个滑板上通常只有一个转塔刀架，可实现 X、Z 轴联动控制，也有的在同一滑板上安装两个刀架，把钻孔和外圆的加工分开，但不能同时切削。四轴控制的两个转塔刀架分别装在两个滑板上，独立控制各刀架的二轴运动，可同时切削工件的不同部位。

为保证重复定位精度，转塔刀架常采用端齿盘定位，其齿形有弧形和直形两种。转塔刀盘常用液压缸夹紧，刀盘分度常用液压马达或伺服电动机，经过齿轮直接传动，以缩短转位时间。

此外，随着数控车床技术的发展，数控车床刀架开始向快速换刀、电液组合驱动和伺服驱动的方向发展。

3. 测量装置

测量将数控车床各坐标轴的实际位移值检测出来并经反馈系统输入到机床的数控装置中，数控装置对反馈回来的实际位移值与指令值进行比较，并向传动系统输出达到设定值所需的位移量指令。触发式测头具有三维测量功能，其工作原理相当一个重复定位精度很高的触头开关。当测头接触被测量目标时，发出触发信号，数控系统接到信号后就中断测量运动。其用途是加工后在机内工作循环中对工件进行在线测量，补偿刀具磨损和机床温度变化引起的误差。加工前测量工件参考点（面），确定零位坐标值；换刀时进行对刀检查，并按实际刀尖位置的偏差补偿，对刀具状态进行监控，实现及时报警、更换。

（三）车削中心

车削中心是一种以车削加工为主，添加铣削动力刀座、动力刀盘或机械手，可进行铣削加工的车铣合一的切削加工机床。车削中心与数控卧式车床的区别在于：车削中心的转塔刀架上带有能使刀具旋转的动力刀座，主轴具有按轮廓成形要求做连续回转（不等速回转）运动和进行连续精确分度的 C 轴功能，并能与 X 轴或 Z 轴联动。控制轴除 X、Z、C 轴之外，还可包括 Y 轴。X、Y、Z 轴交叉构成三维空间，使各方位的孔和面均能加工。

车削中心的常用类型有卧式车削中心和立式车削中心。卧式车削中心包括线性轴 X、Y、Z 及旋转轴 C，C 轴绕主轴旋转。此类机床除具备一般的车削功能外，还具备在零件的端面和外圆面上进行钻、铣加工的功能。立式车削中心可以对卧式车削中心不便于加工的异形巨大零部件进行高效率的加工。

车削中心除具有数控车床的特点外，还可以在此基础上发展出车－磨中心、车－铣中心等多工序复合加工机床，有的还可以完成数控激光加工。当车削中心的主轴具有 C 轴功能时，主轴便能够进行分度、定向，配合转塔刀架的动力刀座，几乎所有的加工都可在一次装夹中完成。

1. 主轴定向机构和 C 轴

当在工件规定的部位上铣槽、钻孔或要求主轴定向停止后便于装卸、检测工件时，车削中心必须具有主轴定向停止或 C 轴功能，即通过位置控制使主轴在不同的角度上定位。主轴粗分度由主轴电动机分度转动完成，位置编码器装在与主轴相关的位置，最终定位依靠主轴后端的齿式分度盘和插销来完成，定位精度可达 ±0.1°，分度增量角一般为 12°、15°等。若需要专门的角度，可以更换齿盘装置（主轴分度盘）。C 轴分度定位后，还要有夹紧机构，以防止主轴转位。

C 轴能控制主轴连续分度，同时可与刀架的 X 轴或 Z 轴联动来铣削各种曲线槽、车削螺纹、车削多边形等，也可定向停车。

主轴位置检测系统中包含具有较高分辨率的编码器，主轴此时作为进给轴的分辨率为 0.001°，在 0.01～20r/min 的低速条件下工作，一般 C 轴精度可达 ±0.01°。当用 AC 主轴电动机或内装式主轴电动机直接驱动主轴时，无需 C 轴降速装置及附加机械定位机构，因为主轴电动机本身具有 C 轴控制功能，只需设置位置编码器或电磁传感器即可，C 轴运动由数控系统和主轴电动机完成。

当机床主轴箱装有变速齿轮机构时，在 C 轴动作前，主轴运动须与主电动机传动链脱开，变速齿轮位于空档，利用专用伺服电动机使主轴分度或定向。在需要 C 轴功能时，液压油经左进油口推动定位柱销右移，使 C 轴箱体绕支轴沿逆时针方向回转，蜗杆与主轴上的蜗轮啮合，C 轴伺服电动机运转，经同步带带动蜗杆副运动，主轴具有 C 轴功能。当 C 轴工作完毕时，C 轴伺服电动机停转，进、出口油液反向，柱销向左退回，C 轴箱体因偏重而绕支轴沿顺时针方向回转，使蜗杆、蜗轮脱离啮合，主轴恢复原主传动关系。

2. 多主轴、双主轴和辅助主轴

为了实现在一台机床上完成对车削工件的"全部加工"，可采用带辅助主轴（第二主轴）的车削中心以及双主轴、双辅助主轴的车削中心。多主轴的车削中心能在一台机床上完成更多的加工工序，既缩短了加工周期，又提高了工件精度。多主轴车削中心的各主要主轴的驱动功率和尺寸均相同，可分别称第一主轴、第二主轴、第三主轴。多主轴可分别加工一种工件的全部工序或分别加工多个工件。

二、钻、铣削加工自动化

（一）钻削自动化

钻削自动化大部分都是在各类普通钻床的基础上，配备点位数控系统来实现的。其定位精度为±（0.02～0.1）mm。数控钻床通常有立式、卧式、专门化以及钻削加工中心几种。

钻削加工中心以钻削为主，可完成钻孔、扩孔、铰孔、锪孔和攻螺纹等加工，还兼有轻载荷铣削、镗削功能。除了工作台的 X、Y 向运动和主轴的 Z 向运动通过步进电动机自动进行外，钻削中心还在此基础上增加了自动换刀装置。由于钻削中心所需刀具的数量较少，因此其自动换刀装置主要有两种类型：一是刀库与主轴之间直接换刀，即刀库和主轴都安装在主轴箱中，刀库中换刀位置的刀具轴线与主轴轴线重合，为避免与加工区干涉，换刀动作全部由刀库的运动，即退离工件、拔刀、选刀和插刀过程来完成；二是转塔头式，刀具的主轴都集中在转塔上，转塔通常有 6～10 根主轴，由转塔转位实现换刀。也可增设刀库，由刀库与转塔上的主轴之间进行换刀。

（二）铣削自动化

铣削是通过回转多刃刀具对工件进行切削加工的一种手段，其对应的加工设备称为铣床。铣床几乎应用于所有的机械制造及修理部门，一般用于粗加工及半精加工，有时也用于精加工。除能加工平面、沟槽、轮齿、螺纹和花键轴等外，还可加工比较复杂的型面。数控铣床、仿形铣床的出现，提高了铣床的加工精度和自动化程度，使复杂型面的加工自动化成为可能。特别是数控技术的应用扩大了铣床的加工范围，提高了铣床的自动化程度。数控铣床配备自动换刀装置，则发展成以铣削为主，兼有钻、镗、铰、攻螺纹等多种功能的、多工序集中于一台机床上，自动完成加工过程的加工中心。

加工中心是备有刀库并能自动更换刀具对工件进行多工序集中加工的数控机床。工件经一次装夹后，数控系统能控制机床按不同工序（或工步）自动选择和更换刀具，自动改变机床主轴转速、进给量和刀具相对工件的运动轨迹并实现其他辅助功能，依次完成工件多种工序的加工。通常，加工中心仅指主要完成镗、铣加工的加工中心。这种自动完成多工序集中加工的方法，已扩展到了各种类型的数控机床，如车削中心、滚齿中心和磨削中心等。由于加工工艺复合化和工序集中化，为适应多品种小批量生产的需要，还出现了能实现切削、磨削以及特种加工的复合加工中心。加工中心具有刀具库及自动换刀机构、回转工作台和交换工作台等，有的加工中心还具有可交换式主轴头或卧—立式主轴。加工中心目前已成为一类应用广泛的自动化加工设备。

三、加工中心

(一) 加工中心的特点

1. 适用范围广

加工中心主要适用于多品种、中小批量生产中对较复杂、精密零件的多工序集中加工，或完成在通用机床上难以加工的特殊零件（如带有复杂多维曲面的零件）的加工。工件一次装夹后即可完成钻孔、扩孔、铰孔、攻螺纹、铣削和镗削等加工。

2. 加工精度高

加工中心的加工精度一般介于卧式铣镗床与坐标镗床之间，精密加工中心也可达到生产型坐标镗床的加工精度。加工中心的加工精度主要与其位置精度有关，加工孔的位置精度（如孔距误差）大约是相关运动坐标定位精度的 1.5 倍。铣圆精度是综合评价加工中心相关数控轴的伺服跟随运动特性和数控系统插补功能的指标，其公差普通级为 0.03～0.04mm，精密级为 0.02mm。加工中心可粗、精加工兼容，为适应这一要求，其精度往往有较多的储备量，并有良好的精度保持性。加工中心实现了自动化加工，可避免非数控机床加工时因人工操作出现的失误，保证了加工质量稳定可靠，这对于复杂、昂贵工件的加工尤为重要。加工中心自动完成多工序集中加工，可减少工件安装次数，也有利于保证加工质量。

3. 生产率高

加工中心因有自动换刀功能，可实现多工序集中加工，停机时间短；同时，因可减少工序周转时间，工件的生产周期显著缩短。在正常生产条件下，加工中心的开动率可达 90％以上，而切削时间与开动时间的比值可达 70％～85％（普通机床仅为 15％～30％），有利于实现多机床看管，提高劳动生产率。加工中心的类型及适用范围见表 5－2。

表 5－2　加工中心的类型及适用范围

类型	布局形式	特点	适用范围
立式加工中心	固定立柱型、移动立柱型	主轴支撑跨距较小。占地面积较小，刚性低于卧式加工中心，刀库容量多为 16～40	中型零件，高度尺寸较小的零件加工，尤其是盖板类零件的加工
卧式加工中心	固定立柱型、移动立柱型	主轴及整机刚性强，镗铣加工能力较强，加工精度较高，刀库容量多为 40～80	中、大型零件及工序复杂且精度较高的零件加工，通常用于箱体类零件的加工

类型	布局形式	特点	适用范围
五面加工中心	交换主轴头、回转主轴头、转换圆工作台	主轴或工作台可立、卧式兼容，并可多方向加工而无需多次装夹工件，但编程较复杂，主轴或工作台刚性受到一定影响	具有多面、多方向或多坐标复杂型面的零件加工
龙门加工中心	工作台移动型、龙门架移动型	由数控龙门铣镗床配备自动换刀装置、附件头库等组成。立柱、横梁构成龙门结构，纵向行程大。多数具有五面加工性能，成为龙门式五面加工中心	大型、长型、复杂零件的加工

（二）加工中心的典型自动化机构

加工中心除了具有一般数控机床的特点外，还具有其自身的特点。加工中心必须具有刀具库及刀具自动交换机构，其结构形式和布局是多种多样的。刀具库通常位于机床的侧面或顶部。刀具库远离工作主轴的优点是少受切屑液的污染，使操作者在加工时调换库中的刀具时免受伤害。柔性制造单元和柔性制造系统中的加工中心通常需要大量刀具，除了包括满足不同零件加工的刀具外，还需要后备刀具，以实现在加工过程中实时更换破损刀具和磨损刀具的目的，因而要求刀库的容量较大。换刀机械手有单臂机械手和双臂机械手，其中180°布置的双臂机械手应用最普遍。

1. 自动换刀与刀库

加工中心的刀具存取方式有随机方式和顺序方式两种，刀具随机存取是最主要的方式。随机存取就是在任何时候可以取用刀库中任意一把刀，选刀次序是任意的，可以多次选取同一把刀，从主轴卸下的刀允许放在不同于先前所在的刀座上，数控机床可以记录刀具所在的位置。采用顺序存取方式时，刀具严格按数控程序调用刀具的次序排列。程序开始时，刀具按照排列次序一个接着一个取用，用过的刀具仍放回原刀座上，以保持确定的顺序不变。正确地安放刀具是成功地执行数控程序的基本条件。

2. 触发式测头测量系统

触发式测头测量系统主要用于加工循环中的测量。工序前，通过检测控制工件及夹具的正确位置，以保证精确的工件坐标原点和均匀的加工余量；工序后主要测量加工工件的尺寸，根据其误差做出相应的坐标位置调整，以便进行必要的补充加工，避免出现废品。触发式测头具有三维测量功能。测量时，机械手将触发式测头从刀库中取出装于主轴锥孔中。工作台以一定的速度趋近测头。当测杆端球 1 触及工件被测表面时，发出编码红外线信号，通过装在主轴箱上方的接收器传入数控装置，使测量运动中断，并采集和存储在接触瞬间的 X、Y、Z 坐标值，与原存储的公称坐标值进行比较，即得出误差值。当检测某一孔的中心坐标时，可将该孔圆周上测得的 3~4 点坐标值，调用相应程序运算处理，即可得所测孔的中心坐标。该测量系统一般只用于相对比较测量，重复精度 0.5μm。在经测量值修正后，测量值误差可在 5μm 以内，可做全方位精密测量。触发式测头测量系统信号的传输和接收除上述红外辐射式外，常用的还有电磁耦合式。

3. 刀具长度测量系统

刀具长度测量系统用以检查刀具长度的正确性以及刀具折断、破损现象，检测精度为 ±1mm。当发现不合格刀具时，测量系统会发出停车信号。刀具长度测量系统示意图如图 5-3 所示。在机床正面两侧的地面上，装有光源和接收器，如需检测主轴上的刀长，可令立柱向前移动，接收器向数控系统发出信号，经数据处理后即可得出刀具长度的实测值。再与规定的刀具设定长度比较，如超过公差要求，可发出令机床停车的信号。此外，也可用触发式测头检测刀具长度的变化。

1—测杆端球；2—触发式测头；3—红外线信号；4—接收器

图 5-3　触发式测头测量系统原理图

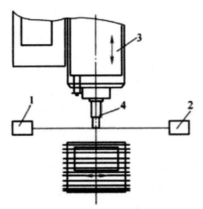

1—光源；2—接收器；3—立柱；4—主轴上的刀具

图 5—4　刀具长度测量系统示意图

4．回转工作台

回转工作台是卧式加工中心实现 B 轴运动的部件，B 轴的运动可作为分度运动或进给运动。回转工作台有两种结构形式。仅用于分度的回转工作台用鼠齿盘定位，分度前工作台抬起，使上、下鼠齿盘分离，分度后落下定位，上、下鼠齿盘啮合，实现机械刚性连接。用于进给运动的回转工作台用伺服电动机驱动，用回转式感应同步器检测及定位，并控制回转速度，也称为数控工作台。数控工作台和 X、Y、Z 轴及其他附加运动构成 4～5 轴轮廓控制，可加工复杂的轮廓表面。此外，加工中心的交换工作台和托盘交换装置配合使用，实现了工件的自动更换，从而缩短了消耗在更换工件上的辅助时间。

四、组合机床

（一）组合机床概述

组合机床是一种按工件加工要求和加工过程设计和制造的专用机床。其组成部件分为两大类：一类是按一定的特定功能，根据标准化、系列化和通用化原则设计而成的通用部件，如动力头、滑台、侧底座、立柱和回转工作台等；另一类是针对工件和加工工艺专门设计的专用部件，主要有夹具、多轴箱、部分刀具及其他专用部件。专用部件约占机床组成部件总数的 1/4，但其制造成本却占机床制造成本的 1/2。组合机床具有工序集中、生产率高、自动化程度较高且造价相对较低等优点，但也有专用性强、改装不十分方便等缺点。

在组合机床上采用数控部件或数字控制，使机床能比较方便地加工几种工件或完成多种工序，由专用机床变为有一定柔性的高效加工机床，是一种必然的发展趋势。利用数控通用部件组成的加工大型零件的专门化设备，在一定情况下比采用通用重型机床加工更经济。一些加工中小型零件的翻新重制的回转工作台式多工位组合机床能保证质量，而价格仅为全新机床的 $50\%\sim75\%$，是组合机床报废后重新利用的重要途径。组合机床按其配置形式分为单工位和多工位两类。对于成批生产用的组合机床，又有可调式、工件多次安装与多工位加工相结合式、转塔式和自动换刀式及自动换（主轴）箱式等几种。若按完成指定工序分，又有钻削及钻深孔、镗削、铣削、车削、攻螺纹、拉削和采用特殊刀具及特殊动力头等几种组合机床。

组合机床的自动化主要是通过应用数控技术来实现的，一般有两种情况：一种是工艺的需要，如镗削形状复杂的孔、深度公差要求高的端面、中心位置要求高的孔和大直径凸台（利用轮廓控制和插补加工圆形）等；另一种是在多工序加工或多品种加工时，为了加速转换和调整而采用数控技术，如对行程长度、进给速度、工作循环甚至主轴转速等利用数控技术编制程序或代码实现快速转换，通常用于转塔动力头、换箱模块或多品种加工可调式组合机床。数控组合机床通常由数控单坐标、双坐标或三坐标滑台或模块，数控回转工作台等数控部件和普通通用部件相结合所组成，具有高生产率，在某些工序上又有柔性，应用也较多。

(二) 组合机床应用实例

图 5-5 为一种用于轴类零件加工的八工位伺服垂直旋转组合机床。可以实现零件经一次安装便能完成全部工序的加工。同时，由于机床的加工工位都处于机体内，并有机械手代替人工取放需要加工的零件，既能够提高工作效率，又可避免操作者受伤。

(1) 机床结构八工位伺服垂直旋转组合机床，包括底座和机体，机体的安装在底座上，机体为多边形箱体，机体的中心位置装有转轴，转轴由电动机控制转动，转轴上装有转盘，转盘为八边形，每个边都装有夹具，机体中一个侧边开有操作窗，机体除了底部和操作窗一侧外，其他每个面都装有动力头，动力头的加工刀头位于机体内，与夹具上的零件相对应。动力头可以根据实际加工的需要选用液压钻扩动力头、伺服扩孔攻螺纹动力头、螺套式攻螺纹动力头或伺服两坐标车削动力头。

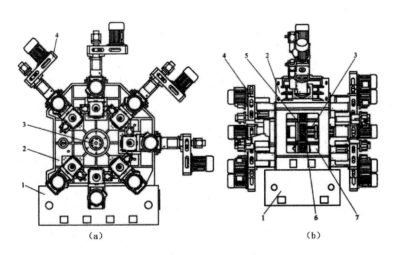

（a）主视结构示意图；（b）左视结构示意图

1—底座；2—机体；3—转轴；4—动力头

5—夹具；6—转盘；7—操作窗

图5—5　八工位伺服垂直旋转组合机床

（2）具体应用使用八工位伺服垂直旋转组合机床加工零件前，先根据所需加工的零件，安装好对应的夹具头。开启机器，机械手把零件送到夹具头夹紧，电动机带动转轴转动，转轴上的转盘同时转动，转盘转动一个工作位，零件到达第一动力头对应位置，第一动力头工作完成加工。同时操作窗对应位置夹具上再放入零件，转盘再转动一个工作位，完成第一动力头加工的零件到达第二动力头对应位置，第二动力头工作完成加工。如此依次完成加工，待零件完成加工后回到操作窗，机械手把零件取出，同时放入新的零件，如此循环。

第三节　金属板材成形加工自动化

塑性成形是材料加工的主要方法之一。金属塑性加工是利用金属材料具有延展性，即塑性变形的能力，使其在由设备给出的外力作用下于模具里制造出成形产品的一种材料加工方法。塑性成形技术具有高产、优质和低耗等显著特点，塑性成形在工业生产中得到了广泛的应用，已成为当今先进制造技术的重要发展方向。金属板材成形加工主要是利用塑性成形技术来获得所需的零件。金属板材成形技术正向数字化、自动化、专业化、规模化和信息化的方向发展。在机械制造中，金属板材加工的主要方法有冲压和锻压两大类。本节将着重介绍冲压加工自动化技术。

一、冲压加工简介

冲压是一种金属塑性加工方法，其坯料主要是板材、带材、管材及其他型材，利用冲压设备通过模具的作用，使坯料获得所需要的零件形状和尺寸。冲压件的重量轻、厚度薄、刚性好、质量稳定。冲压在汽车、机械、家用电器、电机、仪表、航空航天和兵器等制造中具有十分重要的地位。冲压设备主要有机械压力机和液压机。它们的自动化水平直接影响冲压工艺的稳定实施，对保证产品质量、提高生产效率并确保操作者人身安全，具有十分重要的作用。

冲压工艺大致可分为分离工序和成形工序两大类。分离工序是在冲压过程中使冲压件与坯料沿一定的轮廓线相互分离，同时冲压件分离断面的质量也要满足一定的要求。分离工序又包含切断、落料、冲孔、切口、切边和剖切等几种类型。成形工序是使冲压坯料在不被破坏的条件下发生塑性变形，并转化成所要求的成品形状，同时也应满足尺寸公差等方面的要求。成形工序又分为弯曲、拉深和成形等几种类型。

二、冲压自动化实现的一般原则

由于冲压技术的发展以及冲压件结构日趋复杂，尤其是高速、精密冲压设备和多工位冲压设备的较多应用，对冲压自动化提出了更高的要求。随着电子技术、计算机技术以及控制技术的发展，近代出现的计算机数字控制的冲压机械手、机器人、各种自动冲压设备、冲压自动线以及柔性生产线，反映了冲压自动化的发展水平。

实现冲压自动化可以根据产品结构、生产条件和加工方式等情况采取不同的方式，一般有在通用压力机上使用自动冲模、通用自动冲压压力机、专用自动冲压压力机以及冲压自动线等几种，选择时应考虑下列因素。

（1）安全生产。必须确保操作者的人身安全。对于冲压加工操作来说，送料是危及人身安全的最大隐患，因此自动送料是冲压加工自动化的最基本方式。

（2）冲压件批量。批量较小时应重点考虑通用性，使之适应多品种生产；批量较大时，应考虑选择自动化程度高的方式。

（3）冲压件结构。一般情况下，冲压件的结构形式决定了冲压自动化的方式。例如：较小而不太复杂的成形或冲裁件多采用连续模自动冲压；较大的多道拉深件，则要考虑多工位自动冲压。为便于自动化，有时在不影响冲压件使用性能的前提下，需要对工件设计做适当修改。

（4）冲压工艺方案。对于中小型冲压件，即使批量很大，一般也不采用生产线方式，而尽可能在一台自动压力机上用一套冲模或连续模完成全部工序。如果还有后道工序（表面处理、装配等），也应考虑与之结合成线。为此，有时连续模并不把工件从卷料上切下来，而是在后道非冲压工序完成后，再与卷料分离，以实现自动化。

（5）材料规格。卷料、条料和板料以及厚料和薄料的自动化装置大多互不相同。

（6）压力机形式。在普通压力机上可安装通用自动送料装置来实现自动化，也可用自动冲模。如果压力机滑块和台面的尺寸较大，也可改装成多工位自动压力机。多工位自动压力机一般用卷料作为坯料，也可用冲出的平坯或成形工序件自动进行生产。另外，大型压力机可采用活动工作台，中型压力机可设置快换模具台板，并采用模具快速夹紧装置，使换模时间明显缩短，有利于批量较小的冲压件实现自动化生产。

冲压件品种单一时，用自动冲模实现冲压自动化较为适宜；品种较多时，在通用自动压力机上用普通冲模进行自动化生产比较合理；批量很大时，要考虑以专用自动压力机代替通用压力机；大型冲压件的自动化生产，往往是自动线的形式。

三、冲压设备的自动化装置

冲压加工自动化包括供料（件）、送料、出料（件）和废料（工件）处理等自动化环节，实现各自动化环节的装置见表5-3。需要说明的是，表中所列装置可以配备在冲模、压力机或生产线上，构成自动或半自动冲模、自动或半自动压力机及自动或半自动生产线。

表5-3　冲压加工设备的自动化装置

装置名称	原材料			工序件或工件	
	卷料	板料	条料	平件	成形件
供料（件）	卷料架	储料、顶料、吸料、释料和移料、分离装置		储件槽	储件斗
	校平装置、润滑装置				
送料	辊式、夹持式、钩式、其他形式			传件装置、定向和翻转装置、分配装置	
出料（件）	收料架		取料装置	接件装置	
废料（工件）处理	切料装置			理件装置	
其他	自动保护装置				

(一) 供料装置

供料装置的主要作用是为送料装置做准备工作。不同的原材料（板料、条料、卷料）采用的供料装置不尽相同。例如：板料（条料）的供料装置通常具有储料、顶料、吸料、提料、移料和释料等功能；卷料通过卷料架来实现供料，带动力的卷料架具有开卷功能。

(二) 送料装置

送料装置的主要作用是为冲压作原材料的自动送进。常用的送料装置有辊式和夹持式两种。辊式送料装置又有单边辊式和双边辊式两种形式，应用较广泛；夹持式送料装置易实现进给的微调，材料厚度变化及材料表面状况对送料的影响小，材料送进时的张力较大。

(三) 废料处理装置

废料处理装置的主要作用是对卷料经冲压后的废料进行处理，主要有两种处理方法，即将废料切断或是将卷料重新卷绕。废料切断多数利用设在模具上的切刀进行，压力机每一行程将废料切断一次，即被切断的废料的长度等于一个进给步距。

(四) 接件装置

接件装置的主要作用是使由冲压模具打出、顶出或推出的工件或工序件处于一定的位置，以便整理或输送，保证操作安全。接件通过接件器在连杆、摇板、滑道和回转等机构与压力机滑块的联动作用下实现。

(五) 自动保护装置

自动保护装置的主要作用是对冲压加工过程中的原材料、进给和出件等状况进行监视，在原材料使用不符合要求、冲压进给状态异常、出件不正常排出等情况下发出信号，使压力机迅速停机。自动保护装置一般通过有触点式和无触点式两种传感方式进行工作，前者主要通过机械方式使电触头动作，后者通过电磁感应、光电或 β 射线等取得信号。

四、自动冲模

具有自动进给、自动出件等功能的冲模称为自动冲模，一般在普通压力机上使用。按照进给对象的不同，自动冲模可分为原材料自动进给和工序件（包括落料平片）自动进给两类。前者按进给机构的形式又可分为辊式、夹持式和其他形式，其模具的自动进给部分与冲压部分基本上是分开的；后者大都采用推板或回转盘形式，其自动进给部分与冲压部分难以分开。

图 5－6 为夹持式自动送料冲模，可进行卡板冲孔、切断、弯曲和冲压加工。其夹持式自动送料装置在一定范围内可以通用。工作行程时，固定在支架上的斜楔随之下降，斜面使带有滚轮的送料夹持器在由导板和下座板组成的槽内向右滑动。在此过程中，坯料被定料夹持器卡住停止，直至行程结束。回程时，送料夹持器在弹簧的作用下夹持坯料向左移动。此时，固定在下座板上的定料夹持器内的滚柱，逆弹簧的力松开，让坯料通过。可通过调节螺杆和变换斜楔改变送料步距。

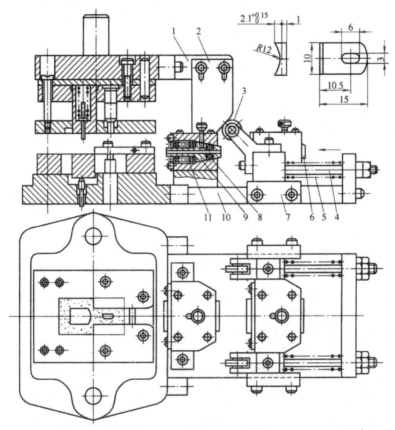

1—支架；2—斜楔；3—滚轮；4—螺杆；5、11—弹簧；

6—送料夹持器；7—导板；8—滚柱；9—定料夹持器；

10—下座板

图 5－6　夹持式自动送料冲模

图 5－7 所示为带有自动弹出装置的通用校平模。工序件沿滑板滑到校平模上，在工作行程时被校平。回程时，钩使拨杆绕轴转动，推动小滑块向右移动，将校平过的工件推入斜槽内滑入容器。小滑块由弹簧复位。为减小小滑块对支架的冲击，

其尾部装有弹簧起缓冲作用。

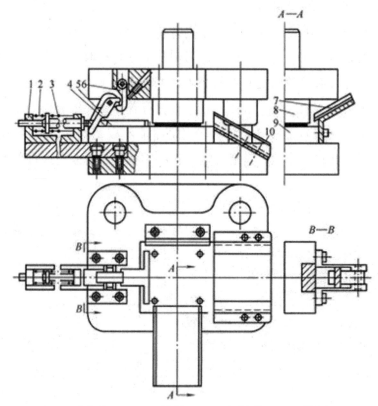

1—支架；2、3—弹簧；4—小滑块；5—拨杆；

6—钩；7—滑板；8—校平上模 9—校平下模；10—斜槽

图 5－7　带有自动弹出装置的通用校平模

五、先进冲压自动化技术

为适应汽车工业、航空航天工业的发展需求，大型冲压设备的应用越来越普遍，主要有两大发展趋势：一是侧重于柔性生产的高性能压力机生产线配以自动化上、下料机械手；二是采用大型多工位压力机。其中，前者具有使用资金少、通用性好、适用于多车型小批量生产的特点，满足了生产中高档轿车需要的高质量冲压件的要求。

（一）机电一体化全自动压力机技术

自动化冲压技术是近年来在国内外兴起的一种新技术，满足产品迅速换型及一机多用的需要。自动化冲压技术是机械与电子技术的完美结合，其关键技术体现在压力机的全自动换模系统，即在触摸屏上设置好模具号，则模具更换的全过程由压力机自动完成，整个换模过程所需时间在 5min 以内。

全自动换模系统包括以下部分。

（1）气压自动调整系统它采用压力传感器检测、电磁阀控制、PLC 编程控制等，实现平衡器和气垫气压的自动调整。

（2）装模高度、气垫行程自动调整系统它通过编码器检测位移量、触摸屏设定参数、PLC 编程等手段，实现自动定位，调整精度达 0.1mm，完全满足自动换模工艺要求。

（3）模具自动夹紧、放松系统它采用可移动式模具夹紧器，通过夹紧器个数和安装位置的不同，彻底解决了不同规格模具无法在同一台压力机上工作的难题。

（4）高速移动工作台自动开进、开出系统它采用变频调速器驱动，使移动工作台运行曲线的柔性化满足定位精度高、移动速度快的要求，速度达到 15m/min，定位精度达 0.1mm。安全栅采用电动机驱动，并与移动工作台开动联锁，实现了移动工作台的自动开进和开出。

自动化压力机技术还包括重载负荷液压润滑技术、功能完善的触摸屏技术以及高行程次数、高精度控制技术等。

（二）单机联线自动化冲压生产线

单机联线自动化冲压生产线是近年来国内外竞相发展的汽车覆盖件自动化冲压生产工艺技术之一，其发展势头强劲。与大型多工位压力机相比，单机联线自动化冲压生产线的通用性好、使用资金少，完全可以满足生产中高档轿车所需要的高质量零件的要求，更加适应我国目前汽车工业的规模和生产批量的状况。单机联线自动化冲压生产线一般配置 5～6 台压力机，配有拆垛、上下料机械手、穿梭翻转装置和码垛装置等，全线总长约 60m，安全性好，生产的冲压件质量高。由于工件传送单机联线自动化冲压生产线距离长，故工件的上下料、换向和双动拉深必须使用工件翻转装置完成。这种单机联线自动化冲压技术的生产节拍最高为 6～9 次/分，而且设备维修的工作量大。

（三）大型多工位压力机

一台多工位压力机相当于一条自动化冲压生产线，能实现高速自动化生产，代表了当今压力机技术的最高水平，是目前世界大型覆盖件冲压技术的最高发展阶段。多工位压力机一般由拆垛机、大型压力机、三坐标工件传送系统和码垛工位等组成，其主要特点是生产效率高、制件质量高，满足了汽车工业的大批量生产对冲压设备的需求。其生产节拍可达 16～25 次/分，是手工送料流水线的 4～5 倍，是单机联线自动化生产线的 2～3 倍。多工位压力机为全自动化、智能化，整个系统只需 2～3 人监控，实现了全自动化换模，整个换模时间小于 5min。多工位压力机不仅能冲压大型覆盖件，还能冲压小型零件，即柔性很强。多工位压力机多采用电子伺服三坐标送料，生产率高，工件处理达到最优化，工件转换迅速，维修率低，诊断性能好，成本低，与现有压力机的适应性强，售后服务远程通信好。以一台多工位压力机系统代替一条由 5～6 台压力机组成的冲压线，按同规模冲压生产量比较，设备投资可减少 20%～40%，能量消耗减少 50%～70%，冲压件综合成本可节约 40%～50%。

第四节　机械加工自动线

机械加工自动线（简称自动线）是一组用运输机构联系起来的由多台自动机床（或工位）、工件存放装置以及统一自动控制装置等组成的自动加工机器系统。在自动线的工作过程中，工件以一定的生产节拍，按照工艺顺序自动经过各个工位，不需要工人直接参与操作，自动完成预定的加工内容。

自动线能减轻工人的劳动强度，并大大提高劳动生产率，减小设备占地面积，缩短生产周期，缩减辅助运输工具，减少非生产性的工作量，建立严格的工作节奏，保证产品质量，加速流动资金的周转并降低产品成本。自动线的加工对象通常是固定不变的，或在较小的范围内变化，在改变加工品种时需要花费许多时间进行人工调整，而且初始投资较多。因此只适用于大批量的生产场合。

进入 20 世纪 90 年代，加工自动线已达到大规模、短节拍、高生产率和高可靠性及综合化的水平。例如：一条加工中等尺寸复杂箱体的自动线可以包括几十台机床和设备，分工段与工区连续运转，节拍时间为 15～30s；一条加工气缸盖的自动线可期望年产量达 100 万件；一条加工轴承环的自动线年产量可达 500 万件。采用班间计划换刀，可使组合机床自动线长年三班制进行生产。除工件自动输送和自动变换姿势外，还可以实现线间的自动转装。除切削加工外，还可以进行滚压等无屑加工及其他精加工工序，以及中间装配、尺寸测量、高频淬硬、激光淬硬、铆接、质量及性能检测等工序，从而完成一个零件从毛坯上线到总装前的全部综合加工。并可实现将几种同类零件混合在一条自动线上进行加工。

除了线上的机床和其他主要设备及刀具外，控制系统、监测系统和诊断系统及辅助设备对保障自动线可靠和稳定地运转也十分重要。有的辅助设备比较复杂、体积庞大，在自动线的投资中占到相当的比例，在规划和设计自动线时应给予必要的重视。由于监视、识别及快速响应能力的提高，对易于监视和识别磨损的不回转刀具，如车刀，已可根据监视和识别结果达到非更换不可时才发出信号进行换刀，而不必采用按计划换刀，避免了尚可使用刀具的浪费。对于回转刀具，特别是像组合机床及其自动线那样有多种、大量回转刀具时，除丝锥的声发射监视用得比较成功外，其他刀具主要还是采用按计划换刀，这样比较经济实用。

切削加工自动线通常由工艺设备、工件输送系统、控制和监视系统、检测系统和辅助系统等组成，各个系统中又包括各类设备和装置。由于工件类型、工艺过程和生产率等的不同，自动线的结构和布局差异很大，但其基本组成部分都是大致相同的。

一、通用机床自动线

在通用机床自动线上完成的典型工艺主要是各种车削、车螺纹、磨外圆、磨内孔、磨端面、铣端面、钻中心孔、铣花键、拉花键孔、切削齿轮和钻分布孔等。

（一）对纳入自动线机床的要求

纳入自动线的通用机床比单台独立使用的机床要更为稳定可靠，包括能较好地断屑和排除切屑，具有较长的刀具寿命，能稳定、可靠地自动进行工作循环，最好有较大流量的切削液系统，以便冲除切屑。对容易引起动作失灵的微动限位开关应采取有效的防护。有些机床在设计时就在布局和结构上考虑了连入自动线的可能性和方便性；有些机床尚需做某些改装，包括增设联锁保护装置及自动上、下料装置。对这些问题在连线前须仔细考虑，必要时应做一些试验工作。

（二）通用机床自动线的连线方法

连线时涉及工件的输送方式、机床间的连接和机床的排列形式、自动线的布局及输送系统的布置等多个相互有联系的问题，需加以全面衡量，选定较好的方案。

工件的输送方式有强制输送和自由输送两种。所谓强制输送就是用外力使工件按一定节拍和速度进行输送。例如，轴类以其外圆为支承面，以一个端头沿料道靠另一个件的端头以"料顶料"的方式滑动输送，或用步进式输送带输送。所谓自由输送就是利用工件自重在槽形料道中滚动或滑动实现输送，或放在靠摩擦力带动的连续运动的链板上进行输送，输送至中间料库或排队等待加工。此外，还可利用机械手进行工件的输送，这种方法既可用于强制输送，也可用于自由输送，在输送过程中还可以比较方便地实现工件姿势的变换（利用手腕的回转）。

通用机床自动线大多数都用于加工回转体工件，工件的输送比较方便，机床和其他辅助设备布置灵活。小型工件的生产率一般要求较高，各工序的节拍时间也不平衡，故多采用柔性连接。机床的料道、料仓都具有储存工件的作用，能比较方便地实现柔性连接。在限制性工序机床的前后或自动线分段处可设置中间储料库，以减少自动线因停车而占用的加工时间，提高自动线的利用率，对各工序的节拍时间可以做到大致相同。而工序较少的短自动线（如加工长轴类工件的自动线）可采用刚性连接。刚性连接时控制系统及工件输送系统比较简单、占地面积小，但要求机床有高的工作可靠性。

一般情况下，当单机（或单道工序）的工序时间等于或稍小于线的节拍时间时，线上的机床可采用串联方式；当单机（或单道工序）的工序时间大于线的节拍时间时，线上的机床就需要采用并联方式来平衡节拍时间。但采用并联方式连线会使工件传送系统复杂化，因此最好避免采用。条件允许时应设法缩短限制性工序的时间或使工序分散，使单机工序时间稍小于线的节拍时间。对一些生产率极高的自动线，在少数工序上采用机床并联也是必要而可行的。齿轮加工自动线由于切齿工序的时间很长而必须采用多台机床并联。

机床的排列可采用纵列（一列或几列）和横排（一排或几排）的方式。单机串联时机床可纵列或横排，单机的输入料道与输出料道一般为直接连通，上一台机床的输出料道即下一台机床的输入料道，由线的始端至末端。单机并联时机床也可纵列和横排（传送步距加大），还可排列成多列或多排的形式，传送时应有分流和合流装置。排列形式应根据线内机床的数量、线的布局和对机床做调整的方便性而定。

分料方式有顺序分料和按需分料两种，在有机床并联时应考虑工件的分配方式。顺序分料是将工件依次填满并联各单机和各分段料道或料仓。各单机依次序先后进入工作，这种方式也称为"溢流式"。按需分料是由一个分配装置或料仓同时向并联各单机分配工件。加工轴类工件的并联自动线，由于工件输送系统结构复杂，因此多采用顺序分料法供料；加工盘、环类工件的并联自动线，由于工件输送系统结构简单，故多采用按需分料法供料。

通用机床自动线输送系统的布局比较灵活，除了受工艺和工件输送方式的影响外，还受车间自然条件的制约。若工件输送系统设置在机床之间，则连线机床纵列，输送系统跨过机床，大多数采用装在机床上的附机式机械手，适用于加工外形简单、尺寸短小的工件及环类工件。若工件输送系统设置在机床的上方，则大多数采用架空式机械手输送工件，机床可纵列或横排。机床纵列时也可把输送系统置于机床的一侧，布置灵活。若工件输送系统设置在机床前方，则采用附机式或落地式机械手上、下料，机床横排成一行。有时也将机床面对面沿输送系统的两侧横排成两行。线的布局一般采用比较简单方便的直线形式，采用单列或单排布置。机床数量较多时，采用平行转折的布置方式，多平行支线时则布置成方块形。

二、组合机床自动线

组合机床自动线是针对一个零件的全部加工要求和加工工序专门设计制成的由若干台组合机床组成的自动生产线。它与通用机床自动线有许多不同点：每台机床的加工工艺都是指定的，不作改变；工件的输送方式除直接输送外，还可利用随行夹具进行输送；线的规模较大，有的多达几十台机床；有比较完善的自动监视和诊断系统，以提高其开动率等。组合机床自动线主要用于加工箱体类零件和畸形件，其数量占加工自动线工件总加工数的70%左右。

在使用组合机床自动线加工工件时，对大多数工序复杂的工件常常先加工好定位基准后再上线，以便输送和定位。因此，在线的始端前常采用一台专用的创基准组合机床，用毛坯定位来加工出定位基准。这种机床通常是回转工作台式，设有加工定位基准面（或定位凸台）、钻和铰定位销孔、上下料等三四个工位。有时也可通过增加工位同时完成其他工序。其节拍时间与自动线的节拍时间大致相同，也可以通过输送装置直接送到自动线上。例如，为了确保铸造箱体件加工后关键部位的壁厚符合要求，可以采用探测铸件表面所处位置，并自动计算出加工时刀具的偏置量，利用伺服驱动使刀具作偏置来加工定位基准。

（一）组合机床自动线的分类及工件输送形式

按工件输送方式的不同，组合机床自动线可分为直接输送和间接输送（用随行夹具输送）两类。按输送轨道形式的不同，可分为直线输送和圆（椭圆）形轨道输送两种。按输送带相对机床配置形式的不同，可分为通过（机床）式输送带式和外移式（在机床前方）输送带式。

工件（随行夹具）输送运动的形式有步伐式（同步）和自由流动式（非同步）之分。大多数组合机床自动线采用步伐式输送装置，步伐式输送带可分为棘爪伐式、摆杆步伐式、抬起步伐式、吊起步伐式和回转分度输送式等。

（二）组合机床自动线的布局

组合机床自动线中的机床数量一般较多，工件在线上有时又需要变换姿势。随行夹具自动线还必须考虑随行夹具的返回问题。所以其布局与通用机床自动线相比有一定的区别和特点。当带并行支线或并行加工机床时，支线或机床可采用并联的形式，利用分路和合路装置来分配工件；采用并行机床或并行工位时，也可采用串联形式，一次用大步距同时将几个工件送到各个工位上，常用于小型工件。

组合机床自动线由于以下两种原因被划分成工段：第一种是工件在线上的姿势不同，被转位装置分隔而分为工段；第二种是由于机床台数及刀具数量多，为减少由于故障引起的停车损失，而划分为可以独立工作的工段。机床台数在 10～15 台、刀具数量在 200～250 把时，可考虑成立一个工段，工段之间设有中间储料库，保证各工段可独立地工作。按第一种原因分成的工段，由于机床数量较少，通常只在相隔几个工段后才设立中间储料库。储料库的容量与自动线的生产率有关，也与因换刀而引起的停车时间和因故障而引起的停车时间有关，需要根据统计和积累的数据以及故障发生的概率来进行分析和计算。若无相关资料和数据，则一般可按能供应自动线工作 0.5～1h 来选择储料库容量。

三、柔性自动线

为了适应多品种生产，可将原来由专用机床组成的自动线改成数控机床或由数控操作的组合机床组成柔性自动线（Flexible Transfer Line，FTL）。FTL 的工艺基础是成组技术。按照成组加工对象确定工艺过程，选择适宜的数控加工设备和物料储运系统组成 FTL。因此，一般的柔性自动线由以下三部分构成：数控机床、专用机床及组合机床，托板（工件）输送系统，控制系统。

（一）FTL 的加工设备

FTL 的加工对象基本是箱体类工件。加工设备主要选用数控组合机床、数控两坐标或三坐标加工机床、转塔机床、换箱机床及专用机床。换箱机床的形式较多，FTL 中常用换箱机床的箱库容量不大。图 5-8 所示是回转支架式换箱机床模块，配置回转型箱库。数控三坐标加工机床一般选用三坐标加工模块配置自动换刀装置，刀库的容量一般只有 6～12 个刀座。图 5-9 所示是两坐标和三坐标加工模块。

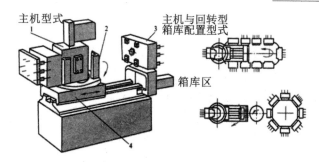

1—动力箱；2—回转支架；3—待换主轴箱；4—滑台

图 5－8　回转支架式换箱机床模块

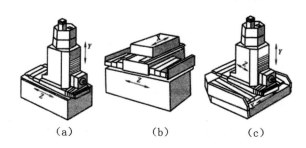

（a）　　　　　　（b）　　　　　　（c）

（a）、（b）两坐标加工模块；（c）三坐标加工模块

图 5－9　数控两坐标和三坐标加工模块

（二）FTL 的工件输送设备

在 FTL 中，工件一般装在托板上输送。对于外形规整，有良好的定位、输送和夹紧条件的工件，也可以直接输送。多采用步伐式输送带同步输送，节拍固定。图 5－10 所示是由伺服电动机驱动的输送带传动装置，由伺服电动机控制同步输送，由大螺距滚珠丝杠实现节拍固定。也有的用辊道及工业机器人实现非同步输送。

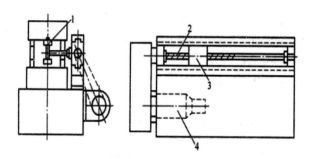

1—输送带；2—大螺距滚珠丝杆；3—输送滑枕；4—直流无刷伺服电动机

图 5－10　由伺服电动机驱动的输送带传动装置

(三) FTL 的控制设备

柔性自动线的效率在很大程度上取决于系统的控制。FTL 的系统控制包括加工、输送设备的控制，中间层次的控制和系统的中央控制。FTL 的中央控制装置一般选用带微处理器的顺序控制器或微型计算机。

第六章 物料供输自动化

物流系统是机械制造系统的重要组成部分之一，它的作用是将制造系统中的物料（如毛坯、半成品、成品、工夹具等）及时地输送到有关设备或仓储设施处。在物流系统中，物料首先输入制造系统，然后由物料输送系统送至指定位置。物流系统的自动化是当前制造企业追求的目标，现代物流系统是在全面信息集成和高度自动化的环境下，以制造工艺过程的相关知识为依据，高效、合理及智能地利用全部储运装置将物料准时、准确和保质地运送到位。

第一节 物料供输自动化概述

在制造业中，从原材料入厂，经过冷热加工、装配、检验、调试、涂漆及包装等各个生产环节，到产品出厂，机床作业时间仅占 5%，工件处于等待和传输状态的时间占 95%。其中，物料传输与存储费用占整个产品加工费用的 30%～40%，因此，对物流系统的优化有助于降低生产成本、压缩库存、加快资金周转并提高综合经济效益。

一、实例分析

半柔性制造系统的任务主要有三个：一是完成一个轴类零件的机械加工；二是把零件按照机械加工工艺过程的要求，定时、定点输送到相关的制造装备上；三是完成轴与轴承的装配。

（一）半柔性制造系统的组成

（1）加工装配子系统按照零件的精度要求利用两台车铣复合机床和数控车床完成轴类零件各几何形状的粗加工、半精加工及精加工，最后一道工序是利用机器人完成轴类组件的装配。

（2）输送子系统按照制造过程的要求，实现工件在不同工位的准确传输。它由胶带输送机、回转台和光电传感器组成，胶带的运行速度可在 2～5m/min 之间进行调整。回转台还可以完成传输方向的转换。

（3）控制及调度子系统按照制造工艺过程和作业时间的要求，实现工件准时在不同工位之间传送的调控。

（二）半柔性制造系统的控制系统

半柔性制造系统由工业控制计算机、主控系统和控制柜中的五个模块组成。工业控制计算机完成功能函数和整个制造物流系统控制主程序的储存与运行，系统界面完成人机交互过程。主控系统实现所有控制、调度任务。下面介绍控制柜中五个模块的功能。

（1）伺服驱动模块。控制柜中有六个步进电动机和一个交流伺服驱动器，1～5号步进电动机控制机器人第一、第三、第四、第五及第六关节的运动，第二关节由于悬臂弯矩大，所以利用交流伺服电动机控制运动，6号步进电动机控制旋转仓库的工件定位。

（2）变频驱动模块。控制柜左边的三个变频器控制1～3号输送带的速度调节，另外两个变频器实现回转传输系统输送方向的改变。

（3）开关量输入模块。物流输送系统中有八对对射式光电传感器，其中六对控制三个输送带上的五个工位和一个保留工位的定位，两对控制回转台上的工件暂停。

（4）气动开关模块。一个气动开关控制机器人夹持器的开合，另外两个气动开关控制回转台的提升和回转工作。

（5）操作面板。在控制柜外表面安装了启动、停止与急停开关，实现控制柜的相应工作，在开关旁边有一个报警指示灯。

（三）回转传输系统

回转传输系统的作用是按照制造过程的要求，实现工件在不同传送带上的转换。它由升降层、旋转层和传输层三部分组成，每一层的功能介绍如下。

（1）升降层上装有立式气缸，当需要转换方向时，气缸把旋转层和传输层顶起一定高度，避免传输层与其他传输机构碰撞。

（2）旋转层带有气缸和连杆机构，由气缸的直线运动带动连杆实现传输层旋转90°，完成工件前进方向的换向。

（3）传输层上装有胶带驱动电动机和对射式光电传感器，当上一工位有工件传送过来时电动机启动，工件进入回转传输带被传感器检测到，检测信息传送到控制系统。工件传输分两种情况：一是方向不变，回转传输带继续工作把工件传送到前方下一个工位；二是方向改变，回转子系统首先在检测到工件后使传输带停止，升降层抬高旋转层及传输层，旋转层完成换向，升降层下降回到原位，用驱动电动机的正反转实现传输带把工件送入左、右两个不同的工位区。

二、物流系统及其功用

物流是物料的流动过程。物流按其物料性质的不同，可分为工件流、工具流和配套流三种。其中工件流由原材料、半成品和成品构成；工具流由刀具、夹具构成；配套流由托盘、辅助材料和备件等构成。

在自动化制造系统中，物流系统是指工件流、工具流和配套流的移动与存储，它主要完成物料的存储、输送、装卸和管理等功能。

（1）存储功能在制造系统中，有许多物料处于等待状态，即不处在加工和使用状态，这些物料需要存储和缓存。

（2）输送功能完成物料在各工作地点之间的传输，满足制造工艺过程和处理顺序的需求。

（3）装卸功能实现加工设备及辅助设备的上、下料的自动化，以提高劳动生产率。

（4）管理功能物料在输送过程中是不断变化的，因此需对物料进行有效识别和管理。

三、物流系统的组成及分类

（1）单机自动供料装置完成单机自动上、下料任务，由储料器、隔料器、上料器、输料槽和定位装置等组成。

（2）自动线输送系统完成自动线上物料输送任务，由各种连续输送机、通用悬挂小车、有轨导向小车及随行夹具返回装置等组成。

（3）FMS 物流系统完成 FMS 物料的传输，由自动导向小车、积放式悬挂小车、积放式有轨导向小车、搬运机器人和自动化仓库等组成。

四、物流系统应满足的要求

（1）应实现可靠、无损伤和快速的物料流动。

（2）应具有一定的柔性，即灵活性、可变性和可重组性。

（3）能够实现"零库存"生产目标。

（4）采用有效的计算机管理，提高物流系统的效率，减少建设投资。

（5）应具有可扩展性、人性化和智能化的特点。

第二节　单机自动供料装置

一、概述

加工设备或辅助设备的供料可采用人工供料或自动供料两种方式。人工供料的操作时间长，工人劳动强度大，虽然利用了一些起重设备可改善这一不足之处，但随着制造业自动化水平的不断提高，这种供料方式将逐渐被自动供料装置替代。自动供料装置一般由储料器、输料槽、定向定位装置和上料器组成，储料器可储存一定数量的工件，根据加工设备的需求自动输出工件，经输料槽和定向定位装置传送到指定位置，再由上料器将工件送入机床加工位置。储料器一般设计成料仓式或料斗式。料仓式储料器需人工将工件按一定方向摆放在仓内，料斗式储料器只需将工件倒入料斗，由料斗自动完成定向。料仓或料斗一般储存小型工件；对于较大的工件，可采用机械手或机器人来完成供料过程。

对供料装置的基本要求如下：

（1）供料时间应尽可能少，以缩短辅助时间并提高生产率。

（2）供料装置结构应尽可能简单，以保证供料稳定可靠。

（3）供料时避免大的冲击，防止供料装置损伤工件。

（4）供料装置要有一定的适用范围，以适应不同类型、不同尺寸工件的要求。

（5）能够满足一些工件的特殊要求。

二、料仓、料斗及输料槽

（一）料仓的结构形式及拱形消除机构

由于工件的重量和形状尺寸变化较大，因此料仓的结构设计没有固定模式。一般将料仓分成自重式和外力作用式两种结构，如图6-1所示。图6-1（a）、图6-1（b）为工件自重式料仓，其结构简单，应用广泛。图6-1（a）将料仓设计成螺旋式，可在不加大外形尺寸的条件下多容纳工件；图6-1（b）将料仓设计成料斗式，其设计简单，但料仓中的工件容易形成拱形面而堵塞出料口，因此一般应设计拱形消除机构。图6-1（c）～图6-1（h）为外力作用式料仓。图6-1（c）

为重锤垂直压送式料仓，适用于易与仓壁粘在一起的小零件；图6－1（d）为重锤水平压送式料仓；图6－1（e）为扭力弹簧压送工件的料仓；图6－1（f）为利用工件与平带间的摩擦力供料的料仓；图6－1（g）为链条传送工件的料仓，链条可连续或间歇传动；图6－1（h）为利用同步齿形带传送的料仓。

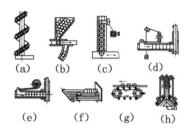

（a）、（b）工件自重式料仓；（c）～（h）外力作用式料仓

图6－1　料仓的结构形式

拱形消除机构一般采用仓壁振动器。仓壁振动器使仓壁产生局部、高频微振动，可消除或减轻工件间的摩擦力和工件与仓壁间的摩擦力，从而保证工件连续地由料仓中排出。振动器的振动频率一般为1000～3000次/分。当料仓中物料搭拱处的仓壁振幅达到0.3mm时，即可达到破拱效果。在料仓中安装搅拌器也可消除拱形堵塞。

（二）料斗

料斗上料装置带有定向机构，工件在料斗中可自动完成定向。但并不是所有工件在送出料斗之前都能完成定向，这种没有完成定向的工件将在料斗出口处被分离，并返回料斗重新定向，或由二次定向机构再次定向。因此料斗的供料率会发生变化，为了保证正常生产，应使料斗的平均供料率大于机床的生产率。料斗结构设计主要依据工件特征（如几何形状、尺寸、重心位置等），选择合适的定向方式，然后确定料斗的形式。下面以往复推板式料斗（图6－2）为例进行介绍。

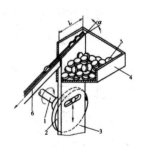

1—轴；2—销轮；3—推板；4—固定料斗；5—工件；6—料道

图6－2　往复推板式料斗

（1）平均供料率（件/分）：

工件滚动时，$Q = \dfrac{nLK}{d}$

工件滑动时，$Q = \dfrac{nLK}{l}$

式中，n 为推板往复次数（r/min），一般 n＝10～60；L 为推板工作部分长度（mm），L＝（7～10）d（或 l）；d 为工件直径；l 为工件长度；K 为上料系数。

（2）推板工作部分的水平倾角 α 工件滚动时，α＝7°～15°；工件滑动时，α＝20°～30°。

（3）推板行程长度 H（mm）对于 l/d＜8 的轴类工件，H＝（3～4）l；对于 l/d＝8～12 的轴类工件，H＝（2～2.5）l；对于盘类工件，H＝（5～8）h，其中 h 为工件厚度。

（4）料斗的宽度 B（mm）推板位于料斗一侧，B＝（8～10）l；推板位于料斗中间，B＝（12～15）l。

（三）输料槽

根据工件的输送方式（靠自重或强制输送）和工件的形状的不同，输料槽有许多结构形式，可分为自流式输料槽、半自流式输料槽和强制运动式输料槽。一般靠工件自重输送的自流式输料槽结构简单，但可靠性较差；半自流式或强制运动式输料槽的可靠性高。

三、工件的二次定向机构

有些外形复杂的工件不可能在料斗内一次完成定向，因此需要在料斗外的输料槽中实行二次定向。常用的二次定向机构如图 6－3 所示。图 6－3（a）适用于重心偏置的工件，在向前送料的过程中，只有工件较重端朝下才能落入输料槽。图 6－3（b）适用于一端有开口的套类工件，只有开口向左的工件，才能利用钩子的作用改变方向落入输料槽，开口向右的工件将推开钩子直接落入输料槽。图 6－3（c）适用于重心偏置的盘类工件，工件向前运动经过缺口时，如果重心偏向缺口一侧，则翻转落入料斗；如果重心偏向无缺口一侧，则工件继续在输料槽内向前运动。图 6－3（d）适用于带肩轴类的工件，工件在运动过程中自动定向成大端向上的位置。

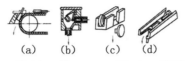

（a）用于重心偏置工件；（b）用于一端开口套类工件

（c）用于重心偏置盘类工件；（d）用于带肩轴类工件

图 6-3　二次定向机构

四、供料与隔料机构

供料和隔料机构的功用是定时地把工件逐个输送到机床加工位置，为了简化机构，一般将供料与隔料机构设计成一体的形式。图 6-4 所示是典型的供料与隔料机构。图 6-4（a）所示为往复运动式供料与隔料机构，适用于轴类、盘类、环类和球类工件，供料与隔料速度小于 150 件/分。图 6-4（b）所示为摆动往复式供料与隔料机构，适用于短轴类、环类和球类工件，供料与隔料速度为 150～200 件/分。图 6-4（c）所示为回转运动式供料与隔料机构，适用于盘类、板类工件，供料与隔料速度大于 200 件/分，且工作平稳。图 6-4（d）所示为回转运动连续式供料与隔料机构，适用于小球、轴类和环类工件，供料与隔料速度大于 200 件/分。

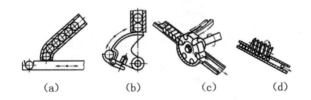

（a）用于轴类、盘类、环类和球类工件；（b）用于短轴类、环类和球类工件；

（c）用于盘类、板类工件；（d）用于小球、轴类和环类工件

图 6-4　典型的供料与隔料机构

此外还有一种利用电磁振动使物料向前输送和定向的电磁振动料槽，它具有结构简单、供料速度快、适用范围广等特点。料槽在电磁铁激振下做往复振动，向前输送物料。这种直槽型振动料槽通过调节电流或电压的大小来改变输送速度，需与各种形式的料斗配合使用。

五、机床自动供料典型装置举例

（一）螺纹机床的自动供料

图 6-5 所示是螺纹机床的自动供料装置，整个供料装置位于机床主轴箱与尾架之间，垂直于机床中心线放置。图中所示是完成一次供料循环的位置，当下一次供料循环开始后，机械手返回 80°，上料机械手碰到挡块，螺钉使夹持器张开；此时液压缸活塞未碰到限位销，摆轴继续转动 10°，摆杆压下碰杆，隔料器转动 30°，工件滚动进入夹持器中；与此同时，下料机械手转至机床加工位置，加工后的工件落入下料机械手夹持器中，摆轴回转 90°，上料机械手将工件送到加工位置，下料机械手把已加工完的工件送入下料料道。微动开关起联锁保护作用，当上料料道无工件或工件在料道中定向不正确时，微动开关发出信号，机床自动停止工作。

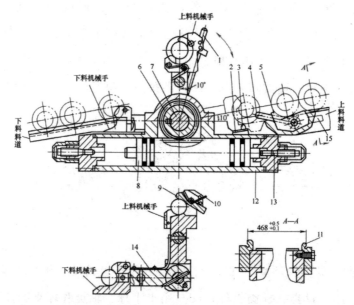

1—摆杆；2—挡块；3—螺钉；4—碰杆；5—隔料器；

6—齿轮；7—摆轴；8—活塞；9—夹持器；10—扭簧；

11—料道；12—液压缸；13—限位销；14—弹簧；15—微动开关

图 6-5　螺纹机床的自动供料装置

（二）板材加工机床的自动供料与送料

1. 供料装置

板料的自动供料装置一般应具有储料、顶料、吸料、提料、移料和释料等功能，供料装置的作用是把板料输送到加工设备的送料装置上。供料装置的工作过程是先将板料放入储料架内，再用顶料机构把板料提供给吸料器，图6－6所示是一种储料架和顶料机构组合在一起的装置，它有两个储料架可交替使用。此后，吸料器将最上面的板料分离出来，吸料器兼有释料功能，一般采用真空吸盘，对于无适当平面可吸的钢、铁等磁性板料，可使用电磁吸盘。最后通过提升和平移装置将这块板料输送到送料器上。图6－7所示是一种具有提升和平移功能的移料装置，吸盘升降气缸固定在移料气缸上，吸盘吸住的板料由吸盘升降气缸提升到一定高度时，移料气缸带动吸盘升降气缸向右移动，当板料达到规定位置时将其释放。

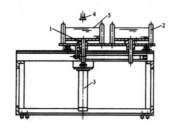

1—储料架；2—挡杆；3—液压缸；4—吸料器；5—板料

图6－6　贮料与顶料装置

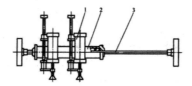

1—吸盘升降气缸；2—移料气缸；3—活塞杆

图6－7　气动式移料装置

2．送料装置

送料装置的作用是将供料装置送来的板料传送到加工位置，图6－8所示为斜刃夹持式送料装置。斜楔通过滚轮推动活动斜刃座向右移动，此时，斜刃在板料表面摩擦力的作用下绕轴沿顺时针方向摆动，斜刃对板料不产生夹持作用；当斜楔回升时，活动斜刃座在弹簧的作用下向左移动；此时斜刃在扭簧的作用下绕轴沿逆时针方向摆动，斜刃尖端楔住板料向左推进。当需要回抽板料时，可转动手柄使斜刃脱离板料。

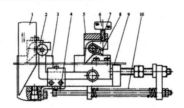

1—斜楔；2—滚轮；3—固定斜刃座；4—螺杆；5—活动斜刃座；

6—手柄；7—斜刃；8—扭簧；9—板料；10—弹簧

图6-8　斜刃夹持式送料装置

第三节　自动线物料输送系统

自动线是指按加工工艺排列的若干台加工设备及其辅助设备，并用自动输送系统联系起来的自动生产线。在自动线上，工件以一定的生产节拍，按工艺的顺序自动地通过各个工作位置，完成预定的工艺过程。本节只对自动线的输送系统作简单介绍。

一、带式输送系统

带式输送系统是一种利用连续运动和具有挠性的输送带来输送物料的输送系统。带式输送系统主要由输送带、驱动装置、传动滚筒、托辊和张紧装置等组成。输送带呈现出一种环形封闭形式，它兼有输送和承载两种功能。传动滚筒依靠摩擦力带动输送带运动，输送带全长靠许多托辊支撑，并且由张紧装置拉紧。带式输送系统主要输送散状物料，但也能输送单件质量不大的工件。

（一）输送带

根据输送的物料不同，输送带可采用橡胶带、塑料带、绳芯带和钢网带等，而橡胶带按用途又可分为强力型、普通型、轻型、井巷型和耐热型5种。输送带两端可使用机械接头、冷粘接头和硫化接头连接。机械接头的强度仅为带体强度的35%～40%，故应用日渐减少。冷粘接头的强度可达带体强度的70%左右，应用日渐增多。硫化接头的强度能达到带体强度的85%～90%，接头寿命最长。输送带的宽度比成件物料的宽度大50～100mm，物料对输送带的比压应小于5kPa。

输送带的速度与制造系统的输送能力密切相关，设输送能力为 Q（kg/h），则对于成件物料有

$$Q = \frac{Gv}{l}$$

式中，G 为单个成件物料的质量（kg）；l 为成件物料的间距（包括自身长度）（m）；v 为输送带的速度（m/s），一般 v 取 0.8m/s 以下。

（二）滚筒及驱动装置

滚筒分传动滚筒及改向滚筒两大类。传动滚筒与驱动装置相连，其外表面可以是金属表面，也可以包上橡胶层来增加摩擦系数。改向滚筒用来改变输送带的运行方向并增加输送带在传动滚筒上的包角。驱动装置主要由电动机、联轴器、减速器和传动滚筒等组成。输送带通常在有负载的情况下起动，因此应选择起动力矩大的电动机。减速器一般可采用涡轮减速器、行星摆线针轮减速器或圆柱齿轮减速器。将电动机、减速器、传动滚筒做成一体的滚筒称为电动滚筒，电动滚筒是一种专为输送带提供动力的部件。

（三）托辊

带式输送系统常用于远距离物料输送，为了防止物料重力和输送带自重造成的带下垂，须在输送带下安置许多托辊。托辊的数量依带长而定，输送大件成件物料时，上托辊间距应小于成件物料在输送方向上尺寸的一半，下托辊间距可取上托辊间距的两倍左右。托辊结构应根据所输送物料的种类来选择。托辊按作用分为承载托辊、空载托辊和调心托辊。

（四）张紧装置

张紧装置的作用是使输送带产生一定的预张力，避免输送带在传动滚筒上打滑；同时控制输送带在托辊间的挠度，以减小输送阻力。张紧装置按结构特点分为螺杆式、弹簧螺杆式、坠垂式和绞车式等，坠垂式张紧装置的张紧滚筒装在一个能在机架上移动的小车上，利用重锤拉紧小车，这种张紧装置可方便地调节张紧力的大小。

二、链式输送系统

链式输送系统由链条、链轮、电动机、减速器和联轴器等组成。长距离输送的链式输送系统应增加张紧装置和链条支撑导轨。有关电动机、减速器和联轴器的设计及选用与带式输送系统相同，此处不再赘述。

（一）链条

输送链条有弯片链、套筒滚柱链、叉形链、焊接链、可拆链、履带链和齿形链等结构形式。输送链与传动链相比链条较长、重量大。一般将输送链的节距设计成普通传动链的2～3倍以上，这样可减少铰链个数，减轻链条重量，提高输送性能。

在链式输送系统中，物料一般通过链条上的附件带动前进。附件可通过链条上的零件扩展而形成，同时还可配置二级附件（如托架、料斗、运载机构等）。

（二）链轮

链轮的基本参数、齿形及公差、齿槽形状、轴向齿廓和链轮公差等根据国家标准GB/T 8350—2008《输送链、附件和链轮》设计。链轮齿数 Z 对输送链性能的影响较大，Z 太小，会使链条运行的平稳性变差，而且会使冲击、振动、噪声和磨损加大。链轮最小齿数 Z_{min} 可按表6-1选取。链轮齿数过大，会导致机构庞大，一般 $Z_{max}=120$。

表6-1　链轮最小齿数 Z_{min}

链速/（m/s）	<0.6	0.6～3	3～8
Z_{min}	≥13～15	≥17	≥21

三、步伐式传送带

步伐式传送带有棘爪式、摆杆式等多种形式。图6-9所示是棘爪步伐式传送带，它能完成向前输送和向后退回的往复动作，实现工件的单向输送。传送带由首端棘爪、中间棘爪、末端棘爪、上侧板和下侧板等组成。传送带向前推进工件，中间棘爪被销子挡住，带动工件向前移动一个步距；传送带向后退时，中间棘爪被后一个工件压下，在工件下方滑过；中间棘爪脱离工件时，在弹簧的作用下又恢复原位。工件在传送带的输送速度较高时易产生惯性滑移，为保证工件的终止位置准确，运行速度不能太高。要防止切屑和杂物掉在弹簧上，否则弹簧会卡死，造成工件输送不顺利。注意棘爪保持灵活，当输送较轻的工件时，应换成刚度较小的弹簧。

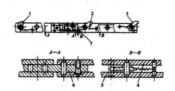

1—首端棘爪；2—中间棘爪；3—末端棘爪；4—上侧板；

5—下侧板；6—连板；7—销子

图6-9　棘爪步伐式传送带

　　为了消除棘爪步伐式传送带的缺点，可采用如图 6－10 所示的摆杆步伐式传送带，它具有刚性棘爪和限位挡块。输送摆杆除前进、后退的往复运动外，还需做回转摆动，以便使棘爪和挡块回转到脱开工件的位置，当返回后再转至原来位置，为下一步伐做好准备。这种传送带可以保证终止位置准确，输送速度较高，常用的输送速度为 20m／min。

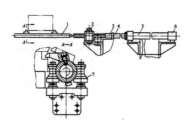

1—输送摆杆；2—回转机构；3—回转接头；4—活塞杆

5—驱动液压缸；6—液压缓冲装置；7—支撑辊

图 6－10　摆杆步伐式传送带

四、辊子输送系统

　　辊子输送系统是利用辊子的转动来输送工件的输送系统，一般分为无动力辊子输送系统和动力辊子输送系统两类。无动力辊子输送系统依靠工件的自重或人的推力使工件向前输送，其中自重式沿输送方向略向下倾斜。用这种输送系统输送工件时要求工件底面平整坚实，工件在输送方向应至少跨过三个辊子的长度。动力辊子输送系统由驱动装置通过齿轮、链轮或带传动使辊子转动，依靠辊子和工件之间的摩擦力实现工件的输送。

五、悬挂输送系统

　　悬挂输送系统适用于车间内成件物料的空中输送。悬挂输送系统节省空间，且更容易实现整个工艺流程的自动化。悬挂输送系统分通用悬挂输送系统和积放式悬挂输送系统两种。通用悬挂输送系统由牵引件、滑架小车、吊具、轨道、张紧装置、驱动装置、转向装置和安全装置等组成。

　　积放式悬挂输送系统与通用悬挂输送系统相比区别为：牵引件与滑架小车无固定连接，二者有各自的运行轨道；有岔道装置，滑架小车可以在有分支的输送线路上运行；设置停止器，滑架小车可在输送线路上的任意位置停车。

　　下面对悬挂输送系统的牵引件、滑架小车和转向装置作简单介绍。

（一）牵引件

牵引件根据单点承载能力来选择，单点承载能力在 100kg 以上时采用可拆链，单点承载能力在 100kg 及以下时采用双铰接链，如图 6－11 所示。悬挂输送系统的牵引链可按表 6－2 选取。

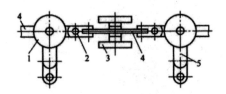

1—行走轮；2—铰销；3—导向轮；4—链片；5—吊板

图 6－11　双铰接链

表 6－2　悬挂输送系统的牵引链

类型	链条节距/mm	极限拉力/kN	许用拉力/kN
可拆链	80	110	8
	100	220	15
	160	400	30
双铰接链	150	18	1.5
	200	36	3.0
	250	60	5.0

（二）滑架小车

装有物料的吊具挂在滑架小车上，牵引链牵动滑架小车沿轨道运行，将物料输送到指定的工作位置。滑架小车有许用承载重量，当物料的重量超过许用承载重量时，可设置两个或更多的滑架小车来悬挂物料。积放式悬挂输送系统的滑架小车，牵引链的推头推动滑架小车向前运动。

（三）转向装置

通用悬挂输送系统的转向装置由水平弯轨和支承牵引链的光轮、链轮或滚子排组成，图 6－12 所示是三种转向装置的结构形式。转向装置结构形式的选用应视实际工况而定，一般最直接的方法是在转弯处设置链轮。当输送张力小于链条许用张力的 60％ 时，可用光轮代替链轮；当转弯半径超过 1m 时，应考虑采用滚子排作为转向装置。

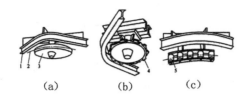

（a）光轮转向装置；（b）链轮转向装置；（c）滚子排转向装置

1—水平弯轨；2—牵引链条；3—光轮；4—链轮；5—滚子排

图 6-12　转向装置

六、有轨导向小车

有轨导向小车（Rail Guided Vehicle，RGV）是依靠铺设在地面上的轨道进行导向并运送工件的输送系统。RGV 具有移动速度快、加速性能好和承载能力大的优点；其缺点是轨道不宜改动、柔性差、车间空间利用率低、噪声大。链式牵引的有轨导向小车，它由牵引件、载重小车、轨道、驱动装置和张紧装置等组成。在载重小车的底盘前后各装一个导向销，地面下铺设一条有轨道的地沟，小车的导向销嵌入轨道中，保证小车沿着轨道运动。小车前面的导向消除具有导向功能外，还作为牵引销牵引小车移动。牵引销可上下滑动，当牵引销处于下位时，由牵引件带动小车运行；牵引销处于上位时，其脱开牵引件推爪，小车停止运行。

七、随行夹具返回装置

为了保证工件在各工位的定位精度或对结构复杂、无可靠运输基面工件的传输，一般将工件先定位夹紧在随行夹具上，工件和随行夹具一起传输，这样随行夹具必须返回原始位置。随行夹具返回装置分上方返回、下方返回和水平返回三种，图 6-13 所示是一种上方返回的随行夹具返回装置。随行夹具在自动线的末端用提升装置提升到机床上方后，靠自重经一条倾斜的滚道返回到自动线的始端，然后用下降装置降至输送带上。

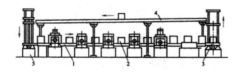

1—输送带；2—随行夹具；3—提升装置；4—滚道；5—下降装置

图 6-13　随行夹具返回装置

第四节 柔性物流系统

计算机问世以来，柔性就成为机械制造自动化的基本属性，柔性制造技术是机械制造自动化的发展趋势，由此产生了柔性制造系统。柔性制造系统（Flexible Manufacturing System，FMS）是由数控加工系统、物料运储系统和计算机控制系统等组成的自动化制造系统，它包括多个柔性制造单元（Flexible Manufacturing Cell，FMC），能根据制造任务或生产环境的变化迅速进行调整，适应于多品种、中小批量生产。

（1）数控加工系统包括由两台以上的数控机床、加工中心或柔性制造单元以及其他的加工设备，其中还可能有测量机、清洗机、动平衡机和各种特种制造设备等。

（2）物料运储系统包括刀具的运储和工件原材料的运储，如悬挂输送系统、有轨导向小车、自动导向小车、搬运机器人、托盘交换器和自动化立体仓库等。

（3）计算机控制系统能够实现对 FMS 的运动控制、刀具管理、质量控制，以及 FMS 的数据管理和网络通信。

本节主要论述 FMS 的运储系统中工件原材料的运储部分。

一、物流输送形式

物流输送系统是为 FMS 服务的，它决定着 FMS 的布局和运行方式。由于大部分 FMS 的工作站点较多，输送线路较长，输送的物料种类不同，因此物流输送系统的整体布局比较复杂。一般可以采用基本回路来组成 FMS 的输送系统。以下介绍几种常用的 FMS 物流输送形式。

（一）直线形输送形式

图 6-14 所示为直线形输送形式，这种形式比较简单，在我国现有的 FMS 中较为常见。它适用于按照规定的顺序从一个工作站到下一个工作站的工件的输送，输送设备做直线运动，在输送线两侧布置加工设备和装卸站。直线形输送形式的线内储存量小，常需配合中央仓库及缓冲站使用。

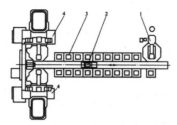

1—工件装卸站；2—有轨小车；3—托盘缓冲站；4—加工中心

图6－14　直线形输送形式

（二）环形输送形式

环形输送形式的加工设备布置在封闭的环形输送线的内、外侧。输送线上可采用各类连续输送系统、输送小车、悬挂输送系统等输送设备。在环形输送线上，还可增加若干条支线，用来储存或改变输送路线，故其线内储存量较大，可不设置中转仓库。环形输送形式便于实现随机存取，具有非常好的灵活性，所以应用范围较广。

（三）网络型输送形式

网络型输送形式的输送设备通常采用自动导向小车。自动导向小车的导向线路埋设在地面下，输送线路具有很大的柔性，故加工设备的敞开性好，物料输送灵活，在中、小批量产品或新产品试制阶段的FMS中应用越来越广。网络型输送形式的线内储存量小，一般需设置中央仓库和托盘自动交换器。

（四）以机器人为中心的输送形式

以机器人为中心的输送形式。它以搬运机器人为中心，加工设备布置在机器人搬运范围内的圆周上。机器人一般配置了夹持回转类零件的夹持器，因此适用于加工各类回转类零件的FMS。

二、托盘及托盘交换器

（一）托盘

在柔性物流系统中，工件一般是用夹具定位夹紧的，而夹具被安装在托盘上，因此托盘是工件与机床之间的硬件接口。为了使工件在整个FMS上有效地完成任务，系统中所有的机床和托盘必须统一接口。托盘的结构形状类似于加工中心的工作台，通常为正方形结构，它带有大倒角的棱边和T形槽，以及用于夹具定位和夹紧的凸榫。有的物流系统也使用圆形托盘。

（二）托盘交换器

托盘交换器是 FMS 的加工设备与物料传输系统之间的桥梁和接口。它不仅起连接作用，还可以暂时存储工件，起到防止系统阻塞的缓冲作用。托盘交换器一般有回转式托盘交换器和往复式托盘交换器两种。

回转式托盘交换器通常与分度工作台相似，有两位、四位和多位形式。多位托盘交换器可以存储若干个工件，所以也称缓冲工作站或托盘库。两位的回转式托盘交换器其上有两条平行的导轨供托盘移动导向用，托盘的移动和交换器的回转通常由液压驱动。这种托盘交换器有两个工作位置，机床加工完毕后，交换器从机床工作台移出装有工件的托盘，然后旋转180°，将装有未加工工件的托盘送到机床的加工位置。

往复式托盘交换器的基本形式是一种两托盘的交换装置。五托盘的往复式托盘交换器，它由一个托盘库和一个托盘交换器组成。当机床加工完毕后，工作台横向移动到卸料位置，将装有已加工工件的托盘移至托盘库的空位上，然后工作台横向移动到装料位置，托盘交换器再将待加工的工件移至工作台上。带有托盘库的交换装置允许在机床前形成一个小的工件队列，起到小型中间储料库的作用，以补偿随机或非同步生产的节拍差异。由于设置了托盘交换器，使工件的装卸时间大幅度缩减。

三、自动导向小车

自动导向小车（Automated Guide Vehicle，AGV）是一种由计算机控制的，按照一定程序自动完成运输任务的运输工具。从当前的研制水平和应用情况来看，自动导向小车是柔性物流系统中物料运输工具的发展趋势。AGV 主要由车架、蓄电池、充电装置、电气系统、驱动装置、转向装置、自动认址和精确停位系统、移栽机构、安全系统、通信单元和自动导向系统等组成。

（一）AGV 的特点

（1）较高的柔性。只要改变一下导向程序，就可以方便地改变、修改和扩充 AGV 的移动路线。与 RAV 相比，改造的工作量小得多。

（2）实时监视和控制。计算机能实时地对 AGV 进行监控，实现 AGV 与计算机的双向通信。不管小车在何处或处于何种状态（静止或运动），计算机都可以用调频法通过发送器向任一特定的小车发出命令，只有频率相同的小车才能响应这个命令。另一方面，小车也能向计算机发回信息，报告小车的状态、故障和蓄电池状态等。

（3）安全可靠。AGV 能以低速运行，运行速度一般在 10～70m/min，AGV 通常备有微处理器控制系统，能与本区的其他控制器进行通信，可以防止相互之间的碰撞。有的 AGV 还安装了定位精度传感器或定中心装置，可保证定位精度达到±30mm，精确定位的 AGV 可达到±3mm。此外，AGV 还可备有报警信号灯、扬声器、紧停按钮和防火安全联锁装置，以保证运输的安全。

（4）维护方便。维护工作包括对小车蓄电池进行充电和对小车电动机、车上控制器、通信装置、安全报警装置的常规检测等。大多数 AGV 备有蓄电池状况自动预报设施，当蓄电池的储备能量降到需要充电的规定值时，AGV 会自动去充电站充电，一般的 AGV 可连续工作八小时而无需充电。

（二）AGV 的分类

按导向方式不同，可将 AGV 分为以下几种类型。

（1）线导小车。线导小车是利用电磁感应制导原理进行导向的。它需在行车路线的地面下埋设环形感应电缆来制导小车运动。目前，线导小车在工厂应用最广泛。

（2）光导小车。光导小车是采用光电制导原理进行导向的。它需在行车路线上涂上能反光的荧光线条，小车上的光敏传感器接受反射光来制导小车运动，这样小车线路易于改变，但对地面的环境要求高。

（3）遥控小车。遥控小车没有传送信息的电缆，而是以无线电发送/接收设备来传送控制命令和信息。遥控小车的活动范围和行车路线基本上不受限制，与线导、光导小车相比柔性最好。

（三）AGV 车轮的布置

图 6－15 所示是线导 AGV 车轮布置示意图。图 6－17（a）所示是一种三车轮的 AGV，它的前轮既是转向轮又是驱动轮，这种 AGV 一般只能向前运动；图 6－17（b）所示是一种差速转向的 AGV，它有四个车轮，中间两个是驱动轮，利用两个驱动轮的速度之差实现转向，四个车轮的承载能力较大，并可以前后移动；图 6－17（c）所示是一种独立多轮转向的 AGV，它的四个车轮都兼有转向和驱动功能，故这种 AGV 转向最灵活方便，可沿任意方向运动。

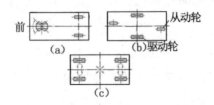

（a）舵轮转向；（b）两轮差速转向；（c）独立多轮转向

图 6－15　线导 AGV 车轮布置示意图

（四）AGV 自动导向系统

目前，车间的 AGV 自动导向系统以电磁式为主。在小车行车路线的地面开设一条宽 3～10mm、深 10～20mm 的槽，槽内铺设导线直径为 φ1mm 的绝缘导向线，表面用环氧树脂灌封。向导向线提供低频（＜15kHz）、低压（＜40V）、电流为 200～400mA 的交流电流，在导向线周围形成交变磁场。小车导向轮的两侧装有导向感应线圈，随导向轮一起转动。当导向轮偏离导向线或导向线转弯时，由于两个线圈偏离导向线的距离不相等，所以线圈中的感应电动势也不相等。对两个电动势进行比较，产生差值电压 ΔU。差值电压 ΔU 经过交流电压放大器、功率放大器两级放大和整流等环节，控制直流导向电动机的旋转方向，达到导向的目的。

（五）AGV 自动认址与精确停位系统

自动认址与精确停位系统的任务是使小车能将物料准确地送到位。自动认址系统中首先在工位上安置地址信息发送元件，一般直接在导向线两侧埋设认址的感应线圈。图 6－16 所示是 AGV 绝对地址的感应线圈地址码，它是将每个地址进行编码，再将若干线圈以不同方式连接，产生不同方向的磁通，用"0"或"1"表示地址码。上述地址信号由安装在小车上的接收线圈接收，经放大、整形送入计数电路或逻辑判别电路，判断正确后，发出命令使小车减速、停车，或前后微量调整，达到精确停位。

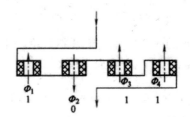

图 6－16　AGV 绝对地址的感应线圈地址码

（六）AGV 的导向控制系统

AGV 上对称设置两个导向传感器，接收到地面导向线的电磁感应信号后，两导向传感器信号经比较、放大处理后，可得到 AGV 的偏差方向和偏差量。此综合信号经一阶微分处理后得到反映 AGV 偏角的量，经二阶微分处理后得到反映 AGV 偏角变化速度的量。将 AGV 的偏差、偏角和偏角变化速度三个量加权放大后，用以控制和驱动 AGV 的转向系统，使 AGV 能实时地消除车体与导向线路的偏离。

（七）AGV 的管理

AGV 系统的管理就是为了确保系统可靠运行，最大限度地提高物料的通过量，使生产效益达到最高水平。它一般包括三方面的内容，即交通管制、车辆调度和系统监控。

1. 交通管制

在多车系统中必须有交通管制，这样才能避免小车之间的相互碰撞。目前应用最广的 AGV 交通管制方式是一种区间控制法，它将导向路线划分为若干个区间，区间控制法的法则是在同一时刻只允许一个小车位于给定的区间内。

2. 车辆调度

车辆调度的目标是使 AGV 系统实现最大的物料通过量。车辆调度需要解决两个问题：一是实现车辆调度的方法；二是车辆调度应遵循的法则。

实现车辆调度的方法按等级可分为车内调度系统、车外招呼系统、遥控终端、中央计算机控制以及组合控制等。一般的 FMS 中采用组合控制来调度车辆；在柔性物流系统中，由物流工作站计算机调度，这时系统处于最高水平的运行调度状态。当系统以最高水平控制运行时，如果出现失灵的状况，则可返回到低一级水平控制。例如，物流工作站计算机调度失败，就可以恢复到遥控终端控制或车载控制，AGV 系统仍可继续工作。

在多车多工作站的系统中，AGV 遵循何种车辆调度法则，对于 FMS 的运行性能和效益有很大的影响。最简单的车辆调度法则是顺序车辆调度法则，它是让 AGV 在导向线路上不停地行驶，依次经过每一个工作站，当经过有负载需要装运的工作站时，AGV 便装上负载继续向前行驶，并把负载输送到它的目的地。这种调度法则不会出现车间闭锁（交通阻塞）现象，但物流系统的柔性及物料通过量都比较低。为了克服上述缺点，柔性物流系统正逐步采用一些先进的车辆调度法则，例如，最少行驶时间法则、最短距离法则、先来先服务法则、最近车辆法则、最快车辆法则、最长空闲车辆法则等。柔性物流系统使用何种法则为好，这与物流输送形式、设备布置、工件类型、AGV 数目等多种因素有关，需要通过计算机仿真试验才能确定。

3．系统监控

复杂的柔性物流系统自动化程度高、物料输送量大，为了避免系统出现故障或运行速度减慢等问题，需要对 AGV 系统进行监控。目前 AGV 系统的监控有三种途径：定位器面板、摄像机与 CRT 彩色图像显示器及中央记录与报告。

四、自动化中央仓库

在整个 FMS 中，当物流系统线内存储功能很小而要求有较多的存储量，或者要求实现无人化生产时，一般都设立自动化中央仓库来解决物料的集中存储问题。柔性物流系统以自动化中央仓库为中心，依据计算机管理系统的信息，实现毛坯、半成品、成品、配套件或工具的自动存储、自动检索和自动输送等功能。中央仓库有多种形式，常见的有平面仓库和立体仓库两种。

平面仓库是一种货架布置在输送平面内的仓库，它一般存储一些大型工件，如图 6－17 所示。图 6－17（a）所示是直线形平面仓库，它的托盘存放站沿输送线呈直线排列，由小车完成自动存取和输送。图 6－17（b）所示是由两台八工位环形储料架组成的平面仓库，储料架做环形运动，因此可以在任意空位入库存储或根据控制指令选取工件出库。

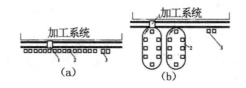

（a）直线形；（b）环形

1—小车；2—托盘存放站；3—装卸站

图 6－17　平面仓库的布局形式

立体仓库又称高层货架仓库，它主要由高层货架、堆垛机、输送小车、控制计算机和状态检测器等组成，若有必要，还要配置信息输入设备，如条形码扫描器。物料需存放在标准的料箱或托盘内，然后由巷道式堆垛机将料箱或托盘送入高层货架的货位上，并利用计算机实现对物料的自动存取和管理。虽然以自动化立体仓库为中心的物流管理自动化耗资巨大，但其在实现物料的自动化管理、加速资金周转、保证生产均衡及柔性生产等方面所带来的效益也是巨大的，所以自动化立体仓库是目前仓储设施的发展趋势。

（一）自动化立体仓库的总体布局

装有物料的标准料箱或托盘进、出高层货架的形式有贯通式和同端出入式两种。

贯通式是将物料从巷道一端入库，从另一端出库。这种方式的总体布局简单，便于管理和维护，但是物料完成出库、入库的过程需要经过巷道全场。

同端出入式是将物料入库和出库布置在巷道的同一端。这种方式的最大优点是能缩短出库、入库时间。尤其是在库存量不大，且采用自由货位存储时，可将物料存放在距巷道出入端较近的货位，缩短搬运路程，提高出库、入库效率。另外，仓库与作业区的接口只有一个，便于集中管理。

（二）储料单元和货位尺寸的确定

自动化立体仓库的存储方式是：首先把工件放入标准的货箱内或托盘上，然后再将货箱或托盘送入高层货架的货柜中。储料单元就是一个装有物料的货箱或托盘，高层货架不宜存储过大、过重的储料单元，一般重量不超过 1000kg，尺寸大小不超过 $1m^3$。储料单元确定后，就可计算货位尺寸。货位尺寸（长×宽×高＝$l×b×h$）取决于三方面的因素：一是储料单元的大小，二是储料单元顺利出、入库所必需的净空尺寸，三是货架构件的有关尺寸。净空尺寸与货架的制造精度、堆垛机轨道的安装精度及定位精度有关。

（三）仓库容量和总体尺寸的确定

仓库容量 N 是指同一时间内可存储在仓库中的储料单元总数，其大小与制造系统的生产纲领、工艺过程等因素有关，需依据实际情况进行计算。

仓库总体尺寸包括长度 L、宽度 B 和高度 H（mm）可按以下公式计算

$$
\begin{cases}
L = N_L l \\
B = N_B + [B_d + (150 \sim 400)] n \\
H = N_H h
\end{cases}
$$

一般取 $H/L = 0.15 \sim 0.4$，$B/L = 0.4 \sim 1.2$。

式中，N_L、N_B、N_H 分别为仓库在长度、宽度、高度方向上的货位数，即 $N = N_L N_B N_H$；B_d 为堆垛机宽度（mm）；n 为巷道数。

在仓库总体尺寸中，高度对仓库制造技术的难易程度和成本影响最大，一般视厂房的高度而定。

（四）高层货架

高层货架是自动化立体仓库的主体，一般在设计与制造时首先要保证货架的强度、刚度和整体稳定性，其次要考虑减轻货架重量、降低钢材消耗。高层货架通常由冷拔型钢、角钢、工字钢焊接而成，一般在设计与制造过程中要注意下面的问题。

（1）货架构件的结构强度。

（2）货架整体的焊接强度。

（3）储料单元载荷引起的货位挠度。

（4）货架立柱与桁架的垂直度。

（5）支承脚的位置精度和水平度。

（五）巷道式堆垛机

巷道式堆垛机是一种在自动化立体仓库中使用的专用起重机。其作用是在高层货架间的巷道中穿梭运行，将巷道口的储料单元存入，或者将货位上的储料单元取出送到巷道口。

由于使用场合的限制，巷道式堆垛机在结构和性能方面有以下特点。

（1）整机结构高而窄，其宽度一般不超过储料单元的宽度，因此限制了整机布置和机构选型。

（2）金属结构件除应满足强度和刚度要求外，还要有较高的制造和安装精度。

（3）采用专门的取料装置，常用多节伸缩货叉或货板机构。

（4）各电气传动机构应同时满足快速、平稳和准确的要求。

（5）配备可靠的安全装置，控制系统应具有一系列联锁保护措施。

升降机构由电动机、制动器、减速器、卷筒（或链轮）、钢丝绳（或起重链条）及防落安全装置等组成。用钢丝绳做柔性件质量轻、工作安全、噪声小，其传动装置一般装在下部。而链条作为柔性件，其机构布置比较紧凑，传动装置一般装在上部。为了减小升降电动机的功率，可以设置质量等于载货台质量或一般起重质量的配重。升降机构的工作速度一般控制在 $15\sim25\text{m/min}$，最高可达 45m/min。为了保证平稳、准确地定位，以便存取物料，应设有低速档，低速一般不大于 5m/min，停止精度要求高时为 $1.5\sim2\text{m/min}$。

行走机构由电动机、联轴器、制动器、减速器和行走轮等组成。行走机构按其所在的位置不同，可分为地面行走式和上部行走式。地面行走式机构一般用两个或四个车轮在地面单轨或双轨上运行，在堆垛机的顶部设置导向轮沿固定在货架上弦的导轨导行。上部行走式机构用四个或八个车轮在悬挂于屋架下弦的工字钢下翼缘上行走，或者用四个车轮沿巷道两侧货架顶部的两根轨道行走，两种形式的行走机构在下部都装有水平导轮沿货架下部的水平导轨导行。行走机构的工作速度依据巷道长度和物料出入库的频率而定，正常的工作速度控制在 $50\sim100m/min$，最高可达到 $180m/min$。为了保证停止精度，还需要有一档 $4\sim6m/min$ 的低速，或再增加一档中速。

货叉伸缩机构是堆垛机的取放物料装置，它由前叉、中间叉、固定叉和驱动齿轮等组成。固定叉安装在载货台上；中间叉可在齿轮－齿条的驱动下，从固定叉的中点，向左或向右移动，移动的距离大约是中间叉长度的一半；前叉在链条或钢丝绳的驱动下，可从中间叉的中点向左或向右伸出比其自身的一半稍长的长度。伸缩机构的前叉可换成平板，中间叉的驱动装置也可采用链轮－链条。货叉伸缩机构的工作速度控制在 $15m/min$，最高可达 $30m/min$。为了有利于起动与制动，当工作速度大于 $10m/min$ 时，应增加一档 $2.5\sim5m/min$ 的低速。

载货台承载货物沿立柱导轨上升或下降，它上面装有货叉伸缩机构、驾驶员室、起升机构动滑轮和限速防坠落装置等。

巷道堆垛机在立体仓库的狭窄巷道内高速运行，起升高度大，除具有一般起重机的安全保护措施外，还应增加以下保护措施。

（1）货叉与行走机构、升降机构互锁。

（2）储料单元入库时需对货位进行探测，防止双重入库而造成事故。

（3）具有载货台断绳保护功能，钢丝绳一旦断开，保护装置可立即将载货台自锁在立柱导轨上。

（六）自动化仓库的计算机控制系统

自动化仓库的含义是指仓库管理自动化和出入库的作业自动化。因此，自动化仓库的计算机控制系统应具备信息的输入及预处理、物料的自动存取和仓库的自动化管理等功能。

1. 信息的输入及预处理

信息的输入及预处理包括对物料条形码的识别、认址检测器和货格状态检测器的信息输入，以及这些信息的预处理。在料箱或托盘的适当部位贴有条形码，当料箱或托盘通过入库运输机滚道时，用条形码扫描器自动扫描条形码，将料箱或托盘的有关信息自动录入计算机中。认址检测器一般采用脉冲调制式光源的光电传感器。为了提高可靠性，可采用三路组合，对控制机发出的认址信号以三取二的方式准确判断后，完成控制堆垛机停车、正反向和点动等动作。货格状态检测器可采用光电检测方法，利用料箱或托盘表面对光的反射作用，探测货格内有无料箱或托盘。

2. 物料的自动存取

物料的自动存取包括料箱或托盘的入库、搬运和出库等工作。当物料入库时，料箱或托盘的地址条形码自动输入到计算机内，因而计算机可方便地控制堆垛机的行走机构和升降机构移动，到达对应的货格地址后，堆垛机停止移动，把物料送入该货格内。当要从仓库中取出物料时，首先输入物料的条形码，由计算机检索出物料的地址，再驱动堆垛机进行认址移动，到达指定地址的货格取出物料，并送出仓库。

3. 仓库管理

仓库管理包括对仓库的物资管理、账目管理、货位管理及信息管理等内容。入库时，将料箱或托盘"合理分配"到各个巷道作业区，以提高入库速度；出库时能按"先进先出"的原则，或其他排队原则出库。同时还要定期或不定期地打印各种报表。当系统出现故障时，还可以通过总控制台的操作按钮进行运行中的"动态改账及信息修正"，并判断出发生故障的巷道，及时封锁发生机电故障的巷道，暂停该巷道的出入库作业。

五、柔性物流系统的计算机仿真

仿真是通过对系统模型进行试验去研究一个真实系统，这个真实系统可以是现实世界中已存在的或正在设计中的系统。物流系统往往相当复杂，利用仿真技术对物流系统的运行情况进行模拟，提出系统的最佳配置，可为物流系统的设计提供科学决策，有助于保证设计质量，降低设计成本。同时，也可提高物流系统的运行质量和经济效益。

计算机仿真的基本步骤如下：

（1）建立仿真模型采用文字、公式和图形等方式对柔性物流结构进行假设和描述，形成一种计算机语言能理解的数学模型。

（2）编程就是用一定的算法将上述模型转化为计算机仿真程序。

（3）进行仿真试验选择输入数据，在计算机上运行仿真程序，以获得仿真数据。

（4）仿真结果处理对仿真试验结果数据进行统计分析形成仿真报告，以期对柔性物流系统进行评价。

（5）总结为柔性物流系统的结构提供完善的建议，同时可对系统的控制和调度提出优化方案。

在制造企业中对柔性物流系统进行计算机仿真，不仅能够大幅缩短系统的规划设计周期、优化设计方案，还可根据计算机仿真结果对柔性物流系统的运行状态进行优化，以便获得最佳的运行经济效益。随着三维视觉系统在计算机仿真系统中的广泛应用，在仿真界面上可展现柔性物流系统所有设备和运行过程的全时空信息。人们可以看到加工设备、单机供料装置、连续输送系统、立体化仓库、堆垛机、搬运机器人和导向小车的外观布局形式，也能观察到它们的瞬时工作状态。

第七章　刀具自动化

刀具是金属切削加工中不可缺少的工具之一，无论是普通机床，还是先进的数控机床、加工中心及柔性制造系统，都必须通过刀具才能完成切削加工。所谓刀具自动化，就是加工设备在切削过程中自动完成选刀、换刀、对刀和走刀等工作过程。

第一节　刀具的自动装夹

一、自动化刀具的特点和结构

（一）自动化刀具的特点

自动化刀具与普通机床用刀没有太大的区别，但为了保证加工设备的自动化运行，自动化刀具需具有以下特点。

（1）刀具的切削性能必须稳定可靠，应具有高的使用寿命和可靠性。

（2）刀具应能可靠地断屑或卷屑。

（3）刀具应具有较高的精度。

（4）刀具结构应保证其能快速或自动更换和调整。

（5）刀具应配有工作状态在线检测与报警装置。

（6）应尽可能地采用标准化、系列化和通用化的刀具，以便于刀具的自动化管理。

（二）自动化刀具的结构

自动化刀具通常分为标准刀具和专用刀具两大类。在以数控机床、加工中心等为主体构成的柔性自动化加工系统中，为了提高加工的适应性，同时考虑到加工设备的刀库容量有限，应尽量减少使用专用刀具，而选用通用标准刀具、刀具标准组合件或模块式刀具。例如，新型的组合车刀是一种典型的刀具标准组合件，它将刀头与刀柄分别做成两个独立的元件，彼此之间是通过弹性凹槽连接在一起的，利用连接部位的中心拉杆（通过液压力）实现刀具的快速夹紧或松开。这种刀具最大的优点是刀体可稳固地固定在刀柄底部突出的支撑面上，既能保证刀尖高度精确的位置，又能使刀头悬伸长度最小，从而可大大提高刀具的动、静态刚度。此外，它还能和各种系列化的刀具（如镗刀、钻头和丝锥等）夹头相配，实现刀具的自动更换。

常用的自动化刀具有可转位车刀、高速工具钢麻花钻、机夹扁钻、扩孔钻、铰刀、镗刀、立铣刀、面铣刀、丝锥和各种复合刀具等。刀具的选用与其使用条件、工件材料与尺寸、断屑情况以及刀具和刀片的生产供应情况等许多因素有关。如果选择得好，可使机床达到应有的效率，提高加工质量，降低加工成本。可转位刀具是一种将带有若干个切削刃口及具有一定几何参数的多边形刀片，用机械夹固方法夹紧在刀体上的一种刀具，是有利于提高数控机床的切削效率、实现自动化加工的行之有效的刀具。

另外，由于带沉孔、带后角刀片的刀具具有结构紧凑、断屑可靠、制造方便、刀体部分尺寸小和切屑流出不受阻碍等优点，也可优先用于自动化加工刀具。为了集中工序，提高生产率及保证加工精度，应尽可能采用复合刀具。

二、自动化刀具的装夹机构

为了使自动化加工设备达到其应有的效率，实现快速自动换刀，刀具和机床之间必须配备一套标准的装夹机构，建立一套标准的工具系统，力求刀具的刀柄与接杆实现标准化、系列化和通用化。更完善的工具系统还包括自动换刀装置、刀库、刀具识别装置和刀具自动检测装置等，以进一步满足数控机床对配套刀具的可快换和高效切削要求。

（一）工具系统的分类

目前，工具系统主要有镗铣类数控机床用工具系统（TSG 系统）和车床类数控机床用工具系统（BTS 系统）两大类。它们主要由刀具的柄部（刀柄）、接杆（接柄）和夹头等部分组成。工具系统中规定了刀具与装夹工具的结构、尺寸系列及其连接形式。数控工具系统有整体式和模块式两种不同的结构形式。整体式结构是将每把工具的柄部与夹持工具的工作部分连成一体，因此，不同品种和规格的工作部分都必须加工出一个能与机床连接的柄部，致使工具的规格、品种繁多，给生产、使用和管理都带来了不便。模块式工具系统是把工具的柄部和工作部分分割开来，制成各种系列化的模块，然后经过不同规格的中间模块，组装成不同规格的工具。这样既便于制造、使用与保管，又能以最少的工具库存来满足不同零件的加工要求，因而它代表了工具系统发展的总趋势。

图7-1是镗铣类数控机床上用的模块式工具系统的结构示意图。图7-1（a）为与机床相连的工具锥柄，其中带夹持梯形槽的适用于加工中心，可供机械手快速装卸锥柄用；图7-1（b）、图7-1（c）为中间接杆，它们有多种尺寸，以保证工具各部分有所需的轴向长度和直径尺寸；图7-1（d）、图7-1（e）为用于装夹镗刀的中间接杆，内有微调镗刀尺寸的装置；图7-1（f）为另一种接杆，它的一端可连接不同规格直径的粗、精加工刀头体或面铣刀、弹簧夹头、圆柱形直柄刀具和螺纹切头等，另一端则可直接与锥柄或其他中间接杆相连接。可将这些模块组成刀具实现通孔加工、粗镗、半精镗、精镗孔及倒角、镗阶梯孔、镗同轴孔及倒角，以及钻、镗不通孔等的组合加工。

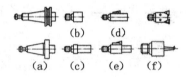

图7-1 模块式工具系统的结构示意图

（二）自动化刀具刀柄和机床主轴的连接

自动化加工设备的刀具和机床的连接，必须通过与机床主轴孔相适应的工具柄部、与工具柄部相连接的工具装夹部分和各种刀具来实现。而且随着高速加工技术的广泛应用，刀具的装夹对高速切削的可靠性与安全性以及加工精度等具有至关重要的影响。

在传统数控铣床、加工中心类机床上，一般都采用的锥度为7：24的BT系统圆锥柄工具。这种刀柄为仅依靠锥面定位的单面接触，刀柄通过拉钉和主轴内的拉刀装置固定在主轴上，这种锥柄不自锁，换刀方便，与直柄相比有较高的定心精度和刚度。BT刀柄的最佳转速范围为0～12000r/min，当速度达到15000r/min以上时，会由于精度降低而无法使用。

高速加工（切削）技术既是机械加工领域学术界的一项前沿技术，也是工业界的实用技术，已经在航空航天、汽车和模具等行业得到了广泛应用。考虑到高速切削机床主轴和刀具连接时，为克服传统BT刀柄仅依靠锥面单面定位而导致的不利因素，宜采用双面约束定位夹持系统实现刀柄在主轴内孔锥面和端面同时定位的连接方法，以保证具有很高的接触刚度和重复定位精度，实现可靠夹紧。目前，市场上广泛应用于高速切削刀具连接系统的刀柄，有采用锥度为 1：10 短锥柄的 HSK 刀柄和在传统 BT 刀柄的基础上改进而来的 BIG－PLUS 刀柄。

HSK 刀柄是德国亚琛工业大学机床研究所专为高速机床开发的，已被列入德国标准 DIN 69893，国际标准化组织（ISO）经过多次修订，于 2001 年颁布了 HSK 工具系统的正式 ISO 标准 ISO 12164。HSK 刀柄采用锥度为 1：10 的中空短锥柄，当短锥刀柄与主轴锥孔紧密接触时. 在端面间尚有 0.1mm 左右的间隙，在拉紧力的作用下，利用中空刀柄的弹性变形补偿该间隙，以实现与主轴锥面和端面的双面约束定位。此时，短刀柄与主轴锥孔间的过盈量约 $3\sim10\mu m$。由于中空刀柄具有较大的弹性变形，因此对刀柄的制造精度要求相对较低。此外，由于 HSK 刀具系统柄部短、重量轻，有利于机床自动换刀和机床小型化，但其中空短锥柄结构也会使系统刚度与强度受到影响。HSK 刀柄有 A、B、C、D、E 等多种形式。

BIG－PLUS 刀柄是日本大昭和精机公司开发的锥度为 7：24 的双面定位工具系统，它可与传统单面定位的 7：24 锥度主轴完全兼容，如图 7－2 所示。当刀柄放入主轴，通过拉杆和拉钉，主轴锥孔弹性扩张，实现了刀柄的锥面及法兰端面与机床主轴的锥面及端面完全贴紧。这样就增加了刀柄的基准直径，与普通 7：24 的锥柄相比，其刚度和定位精度都有了大幅度的提高，很好地抑制了加工时的振动，大大减少了机床和刀具间的磨损，使得刃具、刀柄乃至机床主轴的寿命都得到了提高。

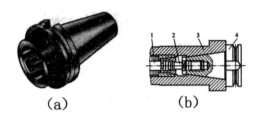

（a）   （b）

（a）BIG－PLUS 刀柄；（b）结构示意图

1—拉杆；2—拉钉；3—主轴；4—刀柄

图 7－2 BIG－PLUS 刀柄及其结构示意图

此外，瑞典 Sandvik 公司开发的 CAPTO 模块化工具系统、美国 Kennametal 公司和德国 Widia 公司联合研制的 KM 工具系统、日本株式会社日研工作所开发的 NC5 工具系统等，在相关机床上也有所应用。

（三）自动化刀具和刀柄的连接

刀柄对刀具的夹持力的大小和夹持精度的高低，在自动化加工中具有十分重要的意义。目前，传统数控机床和加工中心上主要采用弹簧夹头，高速切削的刀柄和刀具的连接方式主要有高精度弹簧夹头、热缩夹头和高精度液压膨胀夹头等。

弹簧夹头一般采用具有一定锥角的锥套（弹簧夹头）作为夹紧单元，利用拉杆或螺母，使锥套内径缩小而夹紧刀具。

热缩夹头主要利用刀柄装刀孔的热胀冷缩使刀具可靠地夹紧。这种系统不需要辅助夹紧元件，具有结构简单、同心度较好、尺寸相对较小、夹紧力大及动平衡度和回转精度高等优点。与液压夹头相比，其夹持精度更高，传递的转矩增大了1.5~2倍，径向刚度提高了2~3倍，能承受更大的离心力。

液压夹头是通过拧紧活塞夹紧螺钉，利用压力活塞对液体介质加压，向薄壁膨胀套筒腔内施加高压，使套筒内孔收缩来夹紧刀具的。

（四）应用实例

1. 一种 BT 刀柄高速切削机构

针对现有技术中 BT 刀柄在高速加工时轴向定位精度低、加工零件质量差以及刀具易损坏的问题，图 7-3 所示的 BT 刀柄高速切削机构可使 BT 刀柄实现高速切削，且在高速切削加工时，BT 刀柄的接触刚度和重复定位精度高，高速切削加工性能可靠；同时，封闭结构的径向刀柄定位系统避免了刀杆的振动和倾斜，提高了加工精度和效率，降低了刀具磨损，提高了刀具和机床使用寿命。

（1）装置结构。这种 BT 刀柄高速切削机构，包括 BT 刀柄、主轴、拉刀机构、拉钉和垫套，BT 刀柄的非刀具安装端的端面为刀柄后端面，刀柄后端面的中心位置设有圆锥台，拉钉安装于圆锥台端面的中心位置；主轴为空心轴，主轴靠近刀柄后端面一端的端面为主轴前端面，主轴前端面的中心部位设有锥孔，锥孔的形状与圆锥台相匹配，圆锥台安装于锥孔内；垫套设置于刀柄后端面和主轴前端面之间；拉刀机构安装于主轴中心空腔内，拉刀机构与拉钉相连接。

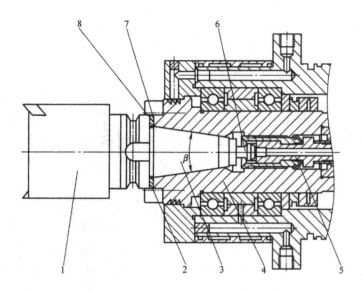

1—BT 刀柄；2—刀柄后端面；3—圆锥台；4—主轴

5—拉刀机构；6—拉钉；7—主轴前端面；8—垫套

图 7-3　一种 BT 刀柄高速切削机构

（2）使用方法如下：

①将拉钉安装到 BT 刀柄上，并将 BT 刀柄装入主轴的锥孔内，拉刀机构通过拉钉拉动 BT 刀柄沿主轴的轴线方向移动，使 BT 刀柄上圆锥台的锥面与主轴锥孔的锥面相贴合。

②使用块规测量并记录刀柄后端面到主轴前端面的间距，然后松开拉刀机构，并取出 BT 刀柄。

③计算出垫套的厚度 q。

④根据步骤三的计算结果加工垫套。

⑤将步骤④中垫套套装到 BT 刀柄的圆锥台中，并使垫套的端面与 BT 刀柄的刀柄后端面相贴合。

⑥将步骤⑤中 BT 刀柄安装到主轴的锥孔内，拉刀机构通过拉钉拉动 BT 刀柄沿主轴的轴线方向移动，使垫套的端面与主轴前端面相贴合，BT 刀柄上圆锥台 3 的锥面与主轴锥孔的锥面相贴合，其中，拉刀机构的拉力 F 随时间 t 的变化规律为

$$F = F_{max} - \frac{F_{max}}{4}(t-2)^2 \quad (0 \leqslant t \leqslant 2s) \quad (F_{max} = 9000 \sim 12000N)$$

按照这个力来控制，BT 刀柄高速运转时径向圆跳动小，磨损减少。

这种 BT 刀柄高速切削机构可替代 HSK 型刀柄，降低了贵重刀柄使用成本，

结构简单，设计合理，易于制造。保证了垫套的正确安装，使刀柄高速运转更加稳定，更有效地保证了机构的整体刚性和切削精度，BT 刀柄高速运转时径向跳动小，磨损减少。

2. 一种膨胀式刀具夹具

图 7—4 所示为一种膨胀式刀具夹具，该夹具通过装夹头和连接外壳的相对移动，使得活动杆上的凸起斜块与滑动块之间发生相对移动，从而滑动块朝向装夹孔的中心移动，夹紧刀具，操作简单，结构简易，相比于传统的刀具装夹机构，夹紧力更大，不容易发生滑脱。

（1）装置结构。膨胀式刀具夹具主要由装夹头、连接外壳、滑动块、活动杆、凸起斜块、舒张弹簧和封闭壳等部分组成。装夹头套接在连接外壳内，在装夹头朝向连接外壳封闭端的一侧上设置有装夹孔，装夹头内壁的一个滑动孔设置有两个装夹组件；滑动孔的轴线与装夹孔同轴，滑动孔的侧壁上设置有一个与装夹孔连通的带有滑动块的连接槽，同时，滑动孔内设有活动杆，其一端与滑动孔封闭端之间弹性连接，另一端顶压在连接外壳上，在活动杆对应连接槽的位置设有凸起斜块；连接槽内设置有滑动槽，滑动槽内有滑动块，在滑动块的一侧设置有与凸起斜块的斜边相配合的斜面；装夹头与连接外壳的封闭端之间通过舒张弹簧 B 连接；封闭壳套接在连接外壳的开口端，装夹头的上端部顶压在封闭壳上。

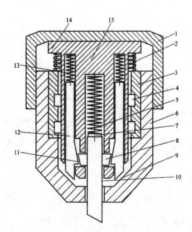

1—封闭壳；2—舒张弹簧 B；3—滑动套；4—滑套；
5—退刀弹簧；6—连接外壳；7—顶压块；8—滑动块；
9—碗形面；10—装夹孔；11—凸起斜块；12—活动杆；
13—舒张弹簧 A；14—环形凸起；15—装夹头

图 7—4 一种膨胀式刀具夹具

（2）使用方法：使用时，将刀具经由装夹孔装入到装夹头上，旋转封闭壳，使得装夹头下压，推动活动杆向上移动，使得活动杆上的凸起斜块与滑动块 8 之间发生相对移动，从而滑动块朝向装夹孔的中心移动，夹紧刀具。

拆卸时，反向旋转封闭壳，在舒张弹簧 B 的驱动下使得装夹头向上回位，同时滑动块从刀具表面松开，在退刀弹簧的驱动下，刀具弹出。

第二节　自动换刀系统

为了缩短非切削加工时间，进一步提高加工效率，现代数控机床正向着在一台机床上通过一次装夹完成多道工序甚至全部工序的方向发展。这些多工序加工机床在加工时需要使用多种刀具，因此必须具备自动换刀系统，通过自动换刀装置来实现自动换刀，使工件在一次装夹中能自动、顺序完成各种不同工序的加工。能够自动更换加工过程中所用刀具的装置，称为自动换刀装置（Automatic Tool Changer，ATC）。目前，自动换刀装置已广泛地应用于加工中心及其他数控机床。

一、自动换刀装置的类型和特点

（一）主轴与刀库合为一体的自动换刀装置

将若干根主轴（一般为 6～12 根）安装在一个可以转动的转塔头上，每根主轴对应装有一把可旋转的刀具。根据加工要求，可以依次将装有所需刀具的主轴转到加工位置，实现自动换刀，同时接通主运动。因此，这种换刀方式又称为更换主轴换刀，转塔头实际上就是一个刀库。数控机床上常用的更换主轴换刀装置，正八面体转塔上均布着八把可旋转的刀具，它们对应装在八根主轴上，转动转塔头，即可更换所需的刀具。

这种自动换刀装置的刀库与主轴合为一体，机床结构较为简单，且由于省去了刀具在刀库与主轴间的交换等一系列复杂的操作过程，从而缩短了换刀时间，并提高了换刀的可靠性。

（二）主轴与刀库分离的自动换刀装置

这种换刀装置配备有独立的刀库，因此又称为带刀库的自动换刀装置。它由刀库、刀具交换装置及刀具松夹装置（装于主轴部件中）等组成。独立的刀库可以存放数量较多的刀具（20～60 把），因而能够适应复杂零件的多工序加工。由于只有一根主轴，因此全部刀具都应具有统一的标准刀柄，主轴部件上由刀具的自动装卸机构来保证刀具的自动更换。刀库的安装位置可根据实际情况较为灵活地设置。

在这种换刀装置中，当需要某一刀具进行切削加工时，将该刀具自动地从刀库交换到主轴上，切削完毕后，又将用过的刀具自动地从主轴上取下放回刀库。由于换刀过程是在各个部件之间进行的，所以要求参与换刀的部件的动作必须准确、协调。此外，由于主轴刚度较高，刀库也可离开加工区，从而消除了许多不必要的干扰。

二、刀库

自动换刀系统一般由刀库、自动换刀装置、刀具传送装置和刀具识别装置等部分组成。刀库是自动换刀系统中最主要的装置之一，其功能是储存各种加工工序所需的刀具，并按程序指令，快速、准确地将刀库中的空刀位和待用刀具送到预定位置，以便接受主轴换下的刀具并便于刀具交换装置进行换刀，刀库的容量、布局以及具体结构对数控机床的总体布局和性能有很大影响。

（一）刀库的种类

常用的刀库有盘式刀库、链式刀库和格子式刀库，如图 7-5 所示。

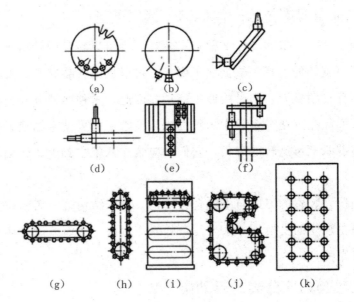

（a）～（f）盘式刀库；（g）～（j）链式刀库；（k）格子式刀库

图 7-5 刀库

（二）刀具的选择方式

根据数控系统的选择指令，从刀库中将各工序所需的刀具转换到取刀位置的过程，称为自动选刀。自动选刀方式有以下两种。

1. 顺序选刀方式

将所需刀具严格按工序先后依次插放在刀库中，使用时按加工顺序指令——取用。采用这种选择方式时，驱动控制较为简单，工作可靠，不需要刀具识别装置。这种选刀方式的缺点是刀库中的同一把刀具不能重复使用，若在一个程序中两次调用规格、型号和尺寸完成相同的刀具，必须按调用顺序在刀库中安装两把刀具，使得刀库中的刀具数量较多，且更换工件时刀具顺序必须重排。

2. 任意选刀方式

这种方式根据程序指令的要求任意选择所需要的刀具，刀具在刀库中可以不按加工顺序任意存放，利用控制系统来识别、记忆所有的刀具和刀座。自动换刀时，刀库旋转，根据程序指令或根据刀具识别装置的识别，刀库将所需刀具送到换刀位置等待换刀。该方法的优点是相同的刀具在工件一次装夹中可重复使用，刀具数量比顺序选刀方式的刀具可少一些，并且使自动换刀装置的通用性增强，应用范围加大，因此得到了广泛应用。

（三）刀具运送装置

当刀库容量较大，布置得离机床主轴较远时，就需要安排两只机械手和刀具运送装置来完成新、旧刀具的交换工作。一只机械手靠近刀库，称为后机械手，完成拔刀和插刀的动作；另一只机械手靠近主轴，称为前机械手，也完成拔刀和插刀的动作。安排在前、后机械手之间的刀具运送装置一方面将前机械手从主轴上拔出的刀具运回刀库旁，以便后机械手将该刀具拔出，再插回刀库；另一方面则将后机械手从刀库中拔出的刀具运到主轴旁，以便前机械手将该刀具拔出后再插进主轴。

（四）刀具的识别

刀具的识别是指自动换刀装置对刀具的识别，通常可采用刀具编码法和软件记忆法。

1. 刀具编码法

这是一种早期使用的刀具识别方法。在刀柄或刀座上装有若干个厚度相等、直径不同的大小编码环，如用大环表示二进制的"1"，小环表示二进制的"0"，则这些环的不同组合就可表示不同的刀具，每把刀具都有自己的确定编码。在刀库附近装有一个刀具识别装置，其上有一排与编码环——对应的触针（接触式）或传感器（非接触式）。当需要换刀时，刀库旋转，刀具识别装置不断地读出每一经过刀具的编码，并将其送入控制系统与换刀指令中的编码进行比较，当二者一致时，控制系统便发出信号，使刀库停转，等待换刀。

2. 软件记忆法

该方法的工作原理是将刀库上的每一个刀座进行编号，得到每个刀座的"地址"。将刀库中的每一个刀具再编一个刀具号，然后在控制系统内部建立一个刀具数据表，将原始状态刀具在刀库中的地址一一填入，并不得再随意变动。刀库上装有检测装置，可以读出刀库在换刀位置的地址。取刀时，控制系统根据刀具号在刀具数据表中找出该刀具的地址，按优化原则转动刀库，当刀库上的检测装置读出的地址与取刀地址相一致时，刀具便停在换刀位置上等待换刀；若要将换下的刀具送回刀库，也不必寻找刀具原位，只要按优化原则送到任一空位即可，控制系统将根据此时换刀位置的地址更新刀具数据表，并记住刀具在刀库中新的位置地址。这种换刀方式目前最为常用。通过以上几部分与自动换刀装置的协调动作，就可在加工过程中自动更换刀具，完成对工件的多工序加工。

（五）应用实例

图 7—6 所示为一种内藏式刀库。刀夹安装于刀盘上并夹住刀柄；刀盘安装于刀库移动支架上，刀库移动支架一端设置于立柱的中空内部，驱动装置驱动刀盘的转动；伸缩护罩设置于立柱的顶部，护罩控制装置控制伸缩护罩在立柱中空处上下移动。

在加工过程中，当需要更换刀具时，护罩控制装置控制伸缩护罩在立柱中空处上升，刀库移动支架向立柱外移动，刀盘、刀夹和刀柄伸出立柱进行换刀；换刀过程结束后，刀盘、刀夹和刀柄再次回到立柱中，护罩控制装置控制伸缩护罩在立柱中空处下降。刀盘底部设置有分度盘，分度盘安装于刀库移动支架上，驱动装置驱动分度盘转动，从而带动刀盘转动。在加工停止需要换刀时，由于分度盘自带的感应装置使分度盘能够准确无误地转动到所需换刀的位置，从而提高了换刀的效率和精度。

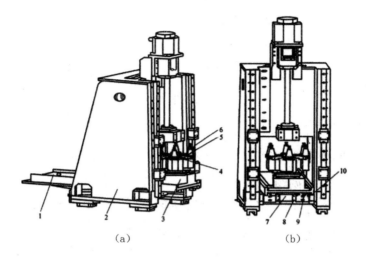

（a）　　　　　　　　　　　（b）

（a）主视结构示意图；（b）侧视结构示意图

1—刀库移动支架；2—立柱；3—分度盘；4—刀盘；

5—刀夹；6—刀柄；7—气缸；8—线轨；9—滑块；

10—线轨支架

图7-6　一种内藏式刀库

　　这种刀库利用立柱和伸缩护罩能防止刀盘、刀夹、刀柄在加工过程中因铝屑等加工废料飞入，从而保证了刀库换刀时较顺畅，并延长了刀库的使用寿命，结构简单，成本较低。

三、自动化换刀机构

　　在自动换刀装置中，实现刀库与机床主轴之间刀具传递和刀具装卸的装置称为自动化换刀机构。自动换刀方式通常分为回转刀架换刀、更换主轴换刀和利用机械手换刀三种。

（一）回转刀架换刀

　　回转刀架常用于数控车床，它用转塔头各刀座来安装或夹持各种不同用途的刀具，通过转塔头的旋转分度来实现机床的自动换刀动作。它的形式一般有立轴式和卧轴式。立轴式一般为四方或六方刀架，分别可安装四把和六把刀具；卧轴式通常为圆盘式回转刀架，可安装的刀具数量较多，故使用较多。一般来说，回转刀架定位可靠、重复定位精度高、分度准确、转位速度快、夹紧刚性好，能保证数控车床的高精度和高效率。

（二）更换主轴换刀

现代的小型 FMS 中，通常利用机床主轴作为过渡装置，将容纳少量刀具（5～10 把）的装载刀架设计得便于主轴抓取。先由刀具运载工具将该装载刀架送到机床工作台上，然后利用主轴和工作台的相对移动，将刀具装入机床主轴，再通过机床自身的自动换刀装置将刀具逐个地装入机床刀库。这种方法简单易行，但换刀时间较长，且要占用机床工时。

（三）利用机械手换刀

换刀机械手因具有灵活性大、换刀时间短的特点，所以应用最为广泛。换刀机械手按刀具夹持器的数量，又可分为单臂式机械手和双臂式机械手。这些机械手能够完成抓刀、拔刀、回转、换刀及返回等全部动作过程。

第三节　排屑自动化

一、切屑形成原理

切屑是在金属切削过程中切削层受到刀具前刀面的挤压后，产生以剪切滑移为主的塑性变形而形成的。现以直角自由切削形成连续型切屑为例进行介绍。如图7-7 所示，在切削过程中，刀具对切削层作用着正压力 F_n，和摩擦力 F_f，它们的合力为 F_r。切削层内的质点 P 受合力 F_r 的作用后向刀具逼近（即刀具向前切削）至 1 位置时，剪应力达到材料屈服强度，在该位置上产生了塑性变形；点由 1 移动到 1′处的同时，还在最大剪应力方向的剪切面上滑移至 2 处，之后继续滑移至 3、4 处，离开 4 处后成为切屑上的一个质点沿前刀面滑出。同理，切削层上的其余各点移动至 OC 线均开始滑移，离开 OE 线终止滑移，这样源源不断，就形成了切屑。

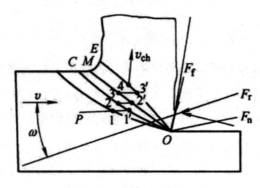

图 7-7　切削形成过程

二、排屑装置的类型

通畅的排屑是保证自动化加工设备可靠工作的必要条件。要实现排屑自动化，就必须认真考虑切屑从加工空间及夹具底座排除的问题，对于自动化，还要考虑把各台机床的切屑集中排除的问题。

从加工部位排除切屑的方法取决于切屑的形状、工件的安装方法、工件的材质、加工工艺方法、机床类型及其附属装置的布局等因素，可采用依靠重力或刀具回转离心力将切屑甩出、用压缩空气吹屑及用真空吸屑等方法。在夹具结构上采取一定的措施，可将切屑从夹具底座中排出。

自动线的集中排屑装置一般设置在机床底座下的地沟中。常用的自动排屑装置有以下几种类型：带式排屑装置、刮板式排屑装置和螺旋排屑装置等。

（一）带式排屑装置

图 7－8 所示为带式排屑装置，在自动线的纵向，用宽形带贯穿机床中部的下方，宽形带张紧在鼓形轮之间。切屑落在宽形带上以后，被带到容屑坑中定期清除。这种装置只适用于在铸铁工件上进行孔加工的工序，输送切屑量不宜大于 $25m^3/h$，不适宜加工钢件或铣削铸铁工件，同时也不宜在采用切削液的条件下使用。

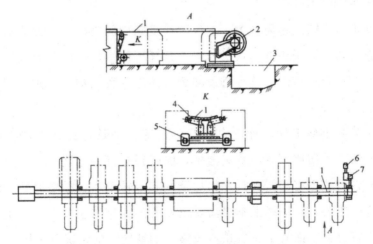

1—宽形带；2—主动轮；3—容屑坑；4—上支撑滚子；

5—下支撑滚子；6—电动机；7—减速器

图 7－8　带式排屑装置

（二）刮板式排屑装置

图7-9所示为铺设在地沟里的链条刮板式排屑装置，封闭式链条装在两个链轮上。焊在链条内侧的刮板将地沟中的切屑刮到深坑中，再用提升器将切屑提起倒入小车运走。这种排屑装置不适用于运送加工钢件时获得的带状切屑。

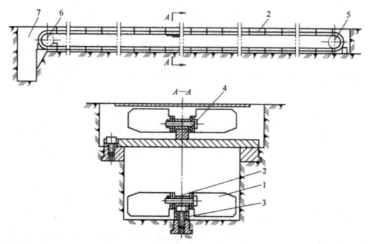

1—刮板；2—封闭式链条；3—下支撑；4—上支撑；

5、6—链轮；7—深坑

图7-9　刮板式排屑装置

（三）螺旋排屑装置

图7-10所示为螺旋排屑装置，它设置在机床中间底座内，螺旋器自由地放在排屑槽内，它和减速器采用万向接头连接。这样可使螺旋器随着磨损而下降，以保证螺旋器紧密地贴合在槽上。这种排屑装置可用于各种切屑，特别适用于钢屑，输送切屑量小于$8m^3/h$。

此外，在某些小型工件的加工自动线中，每一个随行夹具上都附有一个盛屑器，从工件上切下的切屑都落在盛屑器中，随随行夹具一起运行，到达自动线的一定工位时，用翻转装置将随行夹具和盛屑器一起翻转180°，把切屑倒在线外的固定地点。采用这种方式，自动线上不再需要设置专门的排屑装置，因而结构简单。但这时切屑量不宜过大，而且不宜在铁屑飞溅（如铣削）的情况下采用。

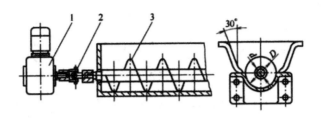

1—减速器；2—万向接头；3—螺旋器

图 7—10　螺旋排屑装置

三、切屑及切削液的处理装置

长期以来，切削液在切削加工中起着不可缺少的作用，但它也对环境造成了一定的污染。为了减小它的不良影响，一方面可采用干切削或准干切削等先进加工方法来减少切削液的使用量，另一方面要加强对它的净化处理，以便进行回收利用，减少切削液的排放量。

切削液的净化处理就是将它在工作中带入的碎屑、砂轮粉末等杂质及时清除。常用的方法有过滤法和分离法。过滤法是使用多孔材料制成过滤器，以除去在工作中带入到切削液中的杂质。分离法是应用重力沉淀、惯性分离、磁性分离或涡旋分离等装置，除去污液中的杂质。

（一）典型的处理装置

1. 带刮板式排屑装置的处理装置

图 7—11 所示为带刮板式排屑装置的处理装置，切屑和切削液一起沿斜槽进入沉淀池的接收室，大部分切屑向下沉落，顺着挡板落到刮板式排屑装置上，随即将切屑排出池外。切削液流入液室，再通过两层网状隔板进入液室，这时已经净化的切削液即可由泵通过吸管送入压力管路，以供再次使用。这种方法适用于用切削液冲洗切屑而在自动线上不使用任何排屑装置的场合。

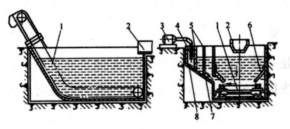

1—排屑装置；2—斜槽；3—泵；4—吸管；

5—隔板；6—挡板；7、8—液室

图 7—11　带刮板式排屑装置的处理装置

2. 负压式纸带过滤装置

图7－12所示是负压式纸带过滤装置的工作原理图。含杂质的切削液流经污液入口注入过滤箱，在重力的作用下经过滤纸漏入栅板底下的负压室，而悬浮的污物则截留在纸带上。起动液压泵，将大部分净化切削液抽送至工作区，小部分输入储液箱。当净液抽出后，负压室内的液面下降，开始产生真空，从而可提高过滤能力与效率。纸带上的屑渣聚集到一定厚度时形成滤饼，此时过滤能力下降，在负压作用下过滤下来的液体渐渐少于抽出的液体，致使负压室内的液面不断下降，负压增大，待负压增大至一定数值时，压力传感器就发出信号，打开储液箱下面的阀，由储液箱放液进入负压室。当切削液注满负压室时，装有刮板的传动装置开始起动，带动过滤纸移动一段距离 L（200～400mm），使新的过滤纸工作，过滤速度增大，储液箱下面的阀关闭，进入正常过滤状态，继续下一个负压过滤循环。这种装置不需用专门的真空泵就能自然形成负压，是一种较好的切削液过滤净化装置。

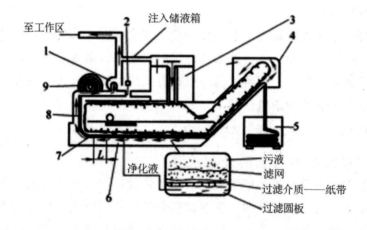

1—液压泵；2—阀 3—储液箱；4—传动装置；5—集渣箱；

6—负压室（真空室）；7—过滤箱；8—污液入口；9—过滤纸

图7－12　负压式纸带过滤装置的工作原理图

（二）应用实例

图7－13所示是一种切削液自动螺杆过滤结构，通过内螺旋杆的结构特点进行持续过滤，主要解决持续过滤及过滤不彻底的问题，过滤效果好，结构简单，使用便捷。

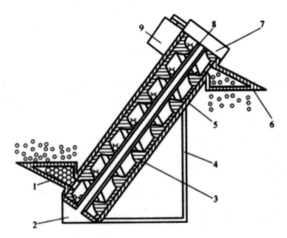

1—进口槽；2—切削液收集盒；3—过滤螺杆；4—支架；5—外壳；

6—出口槽；7—螺杆转轴；8—过滤芯柱；9—电动机

图 7—13　一种切削液自动螺杆过滤结构

该切削液自动螺杆过滤结构主要包括进口槽、切削液收集盒、过滤螺杆、支架、外壳、出口槽、进口槽、过滤芯柱和电动机。外壳上有进口槽及出口槽。外壳设计为柱形，其上下端分别设计有进口及出口，进口槽及出口槽对应外壳的进口及出口固定安装，外壳通过支架倾斜固定；过滤螺杆上有螺杆转轴，使用内螺纹螺杆，对应外壳进口及出口的位置设计有相应的开口，过滤螺杆旋转安装在外壳内，螺杆转轴固定安装在过滤螺杆的上端，螺杆转轴与电动机进行传动连接；过滤芯柱设计为左右连接结构，其左半面使用过滤网，固定安装在过滤螺杆的螺纹内；切削液收集盒的上端面设计有切削液进口，其固定安装在外壳的底部。

使用时将进口槽放置在机床废屑排出口的位置，由于电动机一端通过传动带与螺杆转轴连接，另一端与机床连接，根据机床的起动与停止进行开关。当机床进行排屑时，电动机带动过滤螺杆转动；废屑从进口槽进入过滤螺杆的内部，随着过滤螺杆的内螺纹螺旋上升，由于过滤螺杆倾斜，所以切削液流入过滤芯柱内，最终流入切削液收集盒内，过滤螺杆持续旋转，达到持续过滤的目的，废屑最终通过出口槽排出；由于切削液收集盒为可拆卸结构，可以便捷地取出切削液进行重复使用。

第八章　检测过程自动化

　　检测自动化，是利用各种自动化装置和测试仪器，自动和灵敏地反映出被测量零件的参数或工艺过程参量，不断提供各种有价值的信息和数据。自动化检测的优势在于：加快检测速度并可使检测时间与加工时间重合，减少了大量辅助时间，加速了生产过程，因而提高了生产率，降低检测成本；排除人工检测中的主观因素和体能因素引起的检测误差，提高检测精度和可靠性；能在人工无法进行检测的场合实现自动检测，扩大检测应用范围；能对加工控制系统自动反馈检测信息，实现加工过程的自适应控制和优化生产。

第一节　机械制造中的自动检测技术

一、机械制造中的自动检测方式

　　机械加工过程是一个把原材料转变为产品的过程。要成功地实现加工转变，必须把握住加工过程中各种有价值的数据信息，才能使加工过程正常进行和控制加工质量，而检测就是获取和分析、处理制造过程中数据信息的技术手段。人工或自动的检测方法各种各样，被检测的可以是几何量、物理量或工艺参量。

　　所谓准确度检测就是检查和测量产品或工艺参量的实际值与理想值的符合程度，即确定误差值。误差可分为随机误差和系统误差两种，其中随机误差难以控制，而系统误差是测量的对象，如刀具磨损、由切削力和工件自重引起的机床变形，加工系统的热变形以及机床的导轨直线度误差等引起的工件尺寸、形状误差等。

　　在机械加工中的自动化检测可分为对产品的检测和对工艺过程的检测，而根据检测所处的时间和环境，可将检测分为离线检测、在位检测和在线检测。

　　加工后脱离加工设备对被测对象进行的检测称为离线检测，其结果不一定能反映加工时的实际情况，也不能连续检测加工过程的变化。对产品的检测一般都是离线检测，在工件加工完成后，按验收的技术条件进行验收和分组，包括尺寸和形状的精度、表面粗糙度、力学和表面性能、材料组织、外观等。在这类检测中，能自动将工件分为合格品和废品，需要时还能把合格零件自动分组以供应不同装配需求；这种被动检测方法只能用作误差统计分析，从中找出加工误差的变化趋势，而不能预防废品的产生。

工件加工完毕后，在机床加工位置上进行的检测称为在位检测，所用检测仪器可以事先装在机床上，也可以临时安装使用。在位检测也只能检测加工后的结果，但可免除离线检测时由于加工与检验二者定位基准不重合所带来的误差，以及重复安装带来的误差，因此其结果更接近实际加工情况。此外，如果检测后发现工件不合格，可以立即返修，节省了反复搬运、对位安装的辅助时间。

在加工或装配过程中对被测对象进行的动态检测称为在线检测或主动检测。被检测对象是加工设备和工艺过程参量，如切削负荷、刀具磨损及破损、温升、振动、工件参数等。把检测结果与要求参量相比较，并反馈比较结果，自动控制加工过程，如改变进给量、自动补偿刀具的磨损、自动退刀、停车等，使之适应加工条件的变化，从而防止废品的产生。在线检测的特点如下：

（1）能够连续检测加工过程中的变化，及时了解加工中的误差分布和发展，为实时误差补偿和控制创造条件。

（2）检测结果能反映实际加工情况，如工件在加工过程中的热变形，离线检测就无法检测到。

（3）在线检测一般都采用在线检测系统，其自动运行，自动化程度高。

（4）在线检测时间长，接触式检测会造成触头磨损、发热、接触不稳定等问题，所以大都使用非接触传感器。这样不会破坏已加工的表面，但要求传感器性能好。

（5）加工过程中的检测会受到一些条件限制，如传感器的安置、传感器信号的导出、振动和噪声以及冷却液和切屑对传感器的影响等，所以实现难度比较大。

根据在线检测的对象，可将在线检测分为直接和间接检测两种类型。直接检测系统直接检测工件的加工误差并进行补偿，是一种综合的检测方式。它直接反映加工误差，但不容易实现。间接检测系统检测产生加工误差的误差源并进行补偿，如对机床主轴的回转运动误差进行检测和补偿，以提高工件的圆度；对螺纹磨床的母丝杠热变形进行检测和补偿，以提高被加工螺纹的螺距精度。这样的检测系统相对比较容易实现。

检测领域应用计算机技术以后，自动检测的范畴扩大到了生产过程各阶段，从对工艺过程的监视扩展到实现最佳条件的适应控制生产。从这种机能上说，自动检测不仅是质量管理系统的技术基础，而且是自动加工系统不可缺少的一个组成部分。

二、自动检测装置

（一）检测装置的发展

由于人工检测操作简单，在生产加工中仍广泛应用，检测工具也不断得到改进和更新。然而，随着市场竞争的日趋激烈，产品结构变得愈来愈复杂，产品设计制造的周期日益缩短，加工设备正向大型、连续、高速和自动化的方向发展，人工检测无论在检测精度还是检测速度方面，已不能满足生产加工的要求。随着计算机技术和信息技术广泛地应用于机械制造领域，自动化检测技术得到蓬勃发展，各种自动化检测装置应运而生，如用于尺寸、形状检测的定尺寸检测装置、三坐标测量机、激光测径仪以及气动或电动测微仪；采用电涡流方式的检测装置、机器视觉系统；用于表面粗糙度检测的3D表面系统；用于监测刀具磨损或破损的声发射、红外发射、探针等测量装置，以及利用切削力、切削力矩、切削功率对刀具磨损进行检测的装置等。

发展高效的自动检测设备，是发展自动化生产的前提条件之一。机械加工产品的精度越来越高，表面粗糙度越来越低，因此对检测的要求也越来越高。另外，随着科学技术的不断进步，检测装置也越来越精密和功能强大。例如在尺寸精度测量装置方面，对于小尺寸测量，电容式传感器测头的分辨率可达 $0.1nm$（量程 $5\mu m$）、频响 $>10kHz$、线性误差 $<0.1\%$；光电子纤维光学传感器测头的分辨率可达 $0.5nm$（量程 $30\mu m$）、线性误差 5%；扫描隧道显微镜的分辨率可达 $0.01nm$（量程 $20nm$）；对于大尺寸测量，外差式激光干涉仪的分辨率可达 $1.25nm$（量程 $\pm 2.6m$）；高精度氦氖激光干涉仪的分辨率可达 $0.01nm$（量程 $2m$）；光栅尺的分辨率可达 $10nm$（量程 $1m$）。

（二）自动检测装置分类

自动测量装置的门类和规格繁多，有以下几种分类方法。

（1）按测量信号的转换原理分为电气式（电感式、互感式、电容式、电接触式和光电式等）和气动式（浮标式、波纹管式和膜片式等）。

（2）按测量头与被测物的接触情况分为接触式和非接触式。接触式的量头直接与工件被测表面相接触，工件被测参数的变化直接反映在量杆的移动量上，然后通过传感器转换为相应的电信号或气信号。按量头与工件表面的接触点数目又可分为单点式、两点式和三点式。非接触式的量头不与工件被测表面接触，而是借助气压、光束或放射性同位素的射线等的作用，反映被测参数的变化。这种测量方式不会因为测头与工件接触发生磨损而影响测量精度。

（3）按检测目的分为尺寸测量（直线长度尺寸、内外径尺寸、自由曲面弧度尺寸）、形状测量（圆度、圆柱度、同轴度、锥度、直线度、平行度、平面度、垂直度）、位置测量（孔间距、轮廓间距、孔到边缘距离）等，以及表面纹理、粗糙度的测量，这些包括了宏观和微观尺度的测量。

（4）按检测方式分为加工后撤至测量环境中的被动检测、在线的主动检测和在加工位置的工序间检测。

从应用时间场合上分，在自动化机床上应用的主动检验装置有零件加工前用的、加工过程中用的和加工后在机床上立刻检验用的三种。

在零件加工前用的主动检验装置仅有很少的应用例子。例如，生产活塞的自动化工厂，在按活塞重量修整工序中，对活塞进行预先自动称量，并根据称量结果，令活塞在机床上占据一定的加工位置，这个位置能保证切下所需的金属量。

在零件加工过程中的自动测量装置已得到广泛应用。加工中测量仪与机床、刀具、工件组成闭环系统，测得的工件尺寸用作控制反馈信号，不仅能减小工艺系统的系统误差，还能减少偶然误差。

加工后用的自动补偿装置，能根据刚加工完的工件尺寸信号，判断刀具磨损情况。当尺寸超出某一界限时，令补偿机构动作，防止后面加工的工件出现废品。

加工和检验过程合一的综合自动检测系统能达到比较好的主动检测效果。通过不断报告检测结果、零件达到规定尺寸后机床自动退刀、有出废品危险时立即停车等方法，主动控制工艺过程，并对加工过程自动进行调节，对加工参量自动进行补偿。

三、测量元件和传感器

在高性能的数控机床上，都配备有位置测量元件和测量反馈控制系统。一般要求测量元件的分辨率在 $0.001 \sim 0.01$ mm 之内，测量精度在 $\pm 0.002 \sim 0.02$ mm/m 之内，并能满足数控机床以 10m/min 以上的最大速度移动。另外，在具有数显装置的机床上，也采用位置测量元件。

在现代化的制造系统中，接触方法最常用的是坐标测量机和三维测头。坐标测量机是由计算机控制的，它能与计算机辅助设计、计算机辅助制造连接在一起，构成包括计算机辅助质量控制在内的集成系统。三维测头可用于数控机床和机器人测量站进行自动检测。非接触方法分成光学的和非光学的两大类。光学方法涉及某些视觉系统和激光应用。非光学方法基本上都是用电场原理去感受目标特征，此外，还有超声波和射线技术。

第二节 工件加工尺寸的自动测量

工件加工尺寸精度是直接反映产品质量的指标，因此，许多自动化制造系统中都采用自动测量工件的方法来保证产品质量和系统的正常运行。

一、工件尺寸的检测方法

工件加工尺寸精度的检测方法可以分为离线检测和在线检测。

（一）离线检测

离线检测的结果分为合格、报废和可返修三种。经过误差统计分析可以得到零件尺寸的变化趋势，然后通过人工干预来调整加工过程。离线检测设备在自动化制造系统中得到了广泛应用，主要有三坐标测量机、测量机器人和专用检测装置等。离线检测的周期较长，难以及时反馈零件的加工质量信息。

（二）在线检测

通过对在线检测所获得的数据进行分析处理后，利用反馈控制来调整加工过程，以保证加工精度。例如，有些数控机床上安装有激光在线检测装置，可在加工的同时测量工件尺寸，然后根据测量结果调整数控程序参数或刀具磨损补偿值，保证工件尺寸在允许范围内。在线检测又分为工序间（循环内）检测和最终工序检测：工序间检测可实现加工精度的在线检测及实时补偿；最终工序检测可实现对工件精度的最终测量与误差统计分析，找出产生加工误差的原因，并调整加工过程。在线检测是在工序内部，即工步或走刀之间，利用机床上装备的测头来检测工件的几何精度或标定工件零点和刀具尺寸。检测结果直接输入机床数控系统，由其修正机床运动参数，从而保证工件加工质量。

在线检测的主要手段是利用坐标测量机对加工后机械零件的几何尺寸与形状、

位置精度进行综合检测。坐标测量机按精度可分为生产型和精密型两大类；按自动化水平可分为手动、机动和计算机直接控制三大类。在自动化制造系统中，一般选用计算机直接控制的生产型坐标测量机。

二、工件尺寸的自动测量装置

工件尺寸、形状的在线测量是自动化制造系统中很重要的功能。从控制工件加工误差的方面考虑，工件的尺寸、形状误差可分为随机误差和系统误差两种。由被测量对象，如刀具磨损、由切削力和工件自重引起的机床变形、加工系统的热变形以及机床导轨的直线度误差等所产生的系统误差，通常难以控制。为了减小这些系统误差所造成的工件加工误差，必须进行工件尺寸和形状的实时在线检测。图 8－1 所示为工件尺寸、形状的在线检测手段。

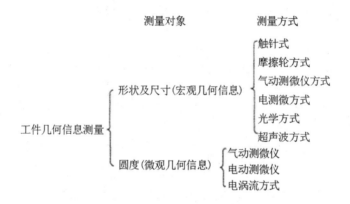

图 8－1　工件尺寸、形状的在线检测手段

上述各种检测方法中，除了在磨床上采用定尺寸检测装置和摩擦轮方式以外，目前还没有可以实际使用的测量装置，而且摩擦轮方式的装置也仅是试验装置，只用于工序间检测。虽然在数控机床上，用接触式传感器测量工件尺寸的测量系统应用得很广泛，但也属于加工工序间检测或加工后检测，而且多半采用摩擦轮方式。

目前，在线检测、定尺寸检测装置多用在磨削加工设备中，这主要有三方面原因：首先，磨削加工时加工处供有大量切削液，可迅速去除磨削所产生的热量，不易出现热变形；其次，现在的数控机床通常都能满足一般零件的尺寸、形状精度要求，很少需要在线检测；最后，目前开发的测量系统多为光学式的，而传感器在较恶劣的加工环境中工作不是很可靠。因此，除了定尺寸检测装置和摩擦轮方式之外，实用的工件形状、尺寸的在线检测系统还不多，它是今后需要研究的课题。

实现工件尺寸的自动测量要依靠相应的测量装置。下面就以磨床的专用自动测量装置、三维测量头、激光测径仪和机器人辅助测量等测量装置为例，说明自动测量的原理和方法。

（一）磨床的专用自动测量装置

加工过程的自动检测是由自动检测装置完成的。在大批量生产条件下，只要将自动测量装置安装在机床上，操作人员不必停机就可以在加工过程中自动检测工件尺寸的变化，并能根据测得的结果发出相应的信号，控制机床的加工过程（如变换切削用量、停止进给、退刀和停车等）。

磨削加工中的自动测量原理如图8-2所示。机床、执行机构与测量装置构成一个闭环系统。在机床加工工件的同时，自动测量头对工件进行测量，将测得的工件尺寸变化量通过信号转换放大器转换成相应的电信号，并在处理后反馈给机床控制系统，控制机床的执行机构，以保证工件尺寸达到要求。

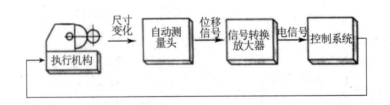

图8-2　磨削加工中的自动测量原理

（二）三维测量头的应用

CMM的测量精度很高。为了保证它的高精度测量，避免因振动、环境温度变化等造成的测量误差，必须将其安装在专门的地基上和在很好的环境条件下工作。被检零件必须从加工处输送至测量机，有的需要反复输送几次，对于质量控制要求不是特别精确、可靠的零件，显然是不经济的。一个解决方法是将CMM上用的三维测量头直接安装在计算机数控机床上，该机床就能像CMM那样工作，而不需要购置昂贵的CMM，可以针对尺寸偏差自动进行机床及刀具补偿，加工精度高，不需要将工件来回运输和等待，但会占用机床的切削加工时间。

现代数控机床，特别是在加工中心类机床上，三维测量头的使用已经很普遍。测量头平时可以安放于机床刀库中，在需要检测工件时，由机械手取出并和刀具一样进行交换，装入机床的主轴孔中。工件经过高压切削液冲洗，并用压缩空气吹干后进行检测，测量杆的测头接触工件表面后，通过感应式或红外传送式传感器将信号发送到接收器，然后送给机床控制器，由控制软件对信号进行必要的计算和处理。

数控加工中心采用红外信号三维测量头进行自动测量。当装在主轴上的测量头接触到工作台上的工件时，立即发出接触信号，通过红外线接收器传送给机床控制器，计算机控制系统根据位置检测装置的反馈数据得知接触点在机床坐标系或工件坐标系中的位置，通过相关软件进行相应的运算处理，以达到不同的测量目的。

（三）激光测径仪

激光测径仪是一种非接触式测量装置，常用在轧制钢管、钢棒等的热轧制件生产线上。为了提高生产率和控制产品质量，必须随机测量轧制过程中轧件外径尺寸的偏差，以便及时调整轧机来保证轧件符合要求。这种方法适用于轧制时温度高、振动大等恶劣条件下的尺寸检测。

激光测径仪包括光学机械系统和电路系统两部分。其中，光学机械系统由激光电源、氦氖激光器、同步电动机、多面棱镜及多种形式的透镜和光电转换器件组成；电路系统主要由整形放大、脉冲合成、填充计数部分、微型计算机、显示器和电源等组成。

激光测径仪的工作原理图如图 8－3 所示，氦氖激光器光束经平面反射镜 L_1、L_2 射到安装在同步电动机 M 转轴上的多面棱镜 W 上，当棱镜由同步电动机 M 带动旋转后，激光束就成为通过 L 焦点的一个扫描光束，这个扫描光束通过透镜之后，形成一束平行运动的平行扫描光束。平行扫描光束经透镜 L_5 后，聚焦到光敏二极管 V 上。如果 L_4、L_5 中间没有被测钢管或钢棒，则光敏二极管的接收信号将是一个方波脉冲，如图 8－4（a）所示。

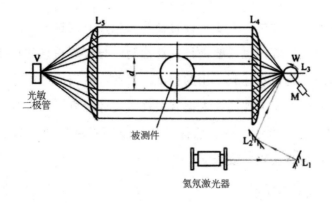

图 8－3　激光测径仪工作原理图

脉冲宽度 T 取决于同步电动机的转速、透镜 L_4 的焦距及多面体的结构。如果在 L_4、L_5 之间的测量空间中有被测件，则光敏二极管 V 上的信号波形将如图 8−4（b）所示。图中脉冲宽度 T 与被测件的大小成正比，T'也就是光束扫描移动这段距离 d 所用的时间。

为了保证测量精度，可采用石英晶体振荡器产生填充电脉冲。图 8−4（d）所示为填充电脉冲波形图，图 8−4（c）、图 8−4（d）经过"与"门合成的波形如图 8−4（e）所示。一个填充电脉冲所代表的当量为测试装置的分辨率。将图 8−4（e）中的一组脉冲数乘以当量就可以得出被测直径 d 的大小。

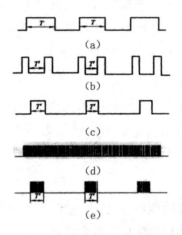

（a）L_4、L5 之间没有被测钢管的波形图；

（b）L_4、L5 之间有被测件的波形图；

（c）L4、L5。之间有被测件的波形图；

（d）填充电脉冲波形图；（e）c、d 经过"与"门合成的波形

图 8−4　激光测径仪波形图

在工件的形状、尺寸中，除了工件直径等宏观几何信息外，对工件的微观几何信息，如圆度、垂直度等，也需要进行自动检测。与宏观信息的在线检测相比，微观信息的在线检测还远没有达到实用的程度。目前，微观信息的检测功能还没有配备到机床上，仍是一个研究课题。根据有关资料统计分析，像直线度这样的微观信息的检测方法主要有刀口法，还有以标准导轨或平板为基础的测量法以及准直仪法，但这些方法都较难实现在线检测。

（四）机器人辅助测量

随着工业机器人的发展，机器人在测量中的应用也越来越受到重视，机器人辅

助测量具有在线、灵活、高效等特点，特别适合进行自动化制造系统中的工序间和过程测量。同三坐标测量机相比，机器人辅助测量造价低，使用灵活且容易入线。机器人辅助测量分为直接测量和间接测量：直接测量也称绝对测量，它要求机器人具有较高的运动精度和定位精度，因此造价较高；间接测量也称为辅助测量，其特点是测量过程中机器人坐标运动不参与测量过程，它的任务是模拟人的动作将测量工具或传感器送至测量位置。间接测量方法具有如下特点：机器人可以是一般的通用工业机器人，例如在车削自动线上，机器人可以在完成上、下料工作后进行测量，而不必为测量专门设置一个机器人，使机器人在线具有多种用途；对传感器和测量装置的要求较高，由于允许机器人在测量过程中存在运动或定位误差，因此，传感器或测量仪应具有一定的智能和柔性，能进行姿态和位置调整并独立完成测量工作。

三、加工过程的自动在线检测和补偿

(一) 自动在线检测

自动线作为实现机械加工自动化的一种途径，在大批量生产领域已具有很高的生产率和良好的技术经济效果。自动线需要检测的项目很多，如要求及时获取和处理被加工工件的质量参数以及自动线本身的加工状况和设备信息，以便对设备进行调整和对工艺参数进行修正等。

自动在线检测一般是指在设备运行、生产不停顿的情况下，根据信号处理的基本原理，跟踪并掌握设备当前的运行状态，预测未来的状况，并根据实际出现的情况对生产线进行必要的调整。只有在设备运行的状态下，才可能产生各种物理的、化学的信号以及几何参数的变化。通常，当这类信号和参数的变化超过一定范围时，即被认为存在异常状况，而这些信号的获取都离不开在线检测。

在机械加工的实际应用中，可根据自动在线检测应用的范围和深度不同，将自动在线检测大致分为自动检测、机床监测和自适应控制。

(1) 自动检测。自动检测指主动自动检测，即加工过程中测量仪与机床、刀具、工件等设备组成闭环系统。通过在线检测装置将测得的工件尺寸变化量经过信号转换和放大后送至控制器，执行机构对加工过程进行控制。

(2) 机床监测。检测系统利用机床上安装的传感元件获得有关机床、产品以及加工过程的信息。这类信息一般为实时输入和连续传输的信息流。机床监测的基本方法是将机床上反馈来的监测数据与机床输入的技术数据相比较，并利用比较的差值对机床进行优化控制。

（3）自适应控制。自适应控制指加工系统能自动适应客观条件的变化而进行相应的自我调节。

实现在线检测的方法有两种：一种是在机床上安装自动检测装置，如磨床上的自动检测装置和自适应控制系统中的过程参数检测装置等；另一种是在自动线中设置自动检测工位。

机械加工的在线检测，一般可分为自动尺寸测量、自动补偿测量和安全测量三种方法。

对于现代化加工中心而言，有的具有综合在线检测功能，如能够识别工件种类、检查加工余量、探测并确定工件的零基准以使加工余量均匀、检查工件的尺寸和公差、显示打印或传输关键零件的尺寸数据等。对于自动化单机来说，可具有自动尺寸测量装置和自动补偿装置，避免停机调刀，以实现高精度、高效率的自动化加工。自动检测在机械加工过程中能实时地向操作人员报告检测结果；当零件加工到规定尺寸后，机床能自动退刀；在即将出现废品时，机床可自动停机等待调整或根据测量结果自动调整刀具位置或改变切削用量。如果由具有自动尺寸测量、自动补偿测量装置的机床来组成自动线，那么该自动线也具有自动尺寸测量、自动补偿测量的功能。对于由组合机床或专用机床组成的自动线，常在自动线中的适当位置设置自动检测工位来检测尺寸精度，并在超差时报警，由人工对自动线进行调整。

（二）自动补偿

如要保持工件的加工精度就必须经常停机调刀，将会影响加工效率。尤其是自动化生产线，不仅影响全线的生产率，产品的质量也不能得到保证。因此，必须采取措施来解决加工中工件的自动测量和刀具的自动补偿问题。

目前，加工尺寸的自动补偿多采用尺寸控制原则，在不停机的状态下，将检测的工件尺寸作为信号控制补偿装置，实现脉动补偿，其工作原理如图8-5所示。工件在机床上加工后及时送到测量装置中进行检测。在因刀具磨损而使工件尺寸超过一定值时，测量装置发出补偿信号，经装置转换、放大后由控制线路操纵机床上的自动补偿装置使刀具按指定值做径向补偿运动。当多次补偿后，总的补偿量达到预定值时停止补偿；或在连续出现的废品超过规定数量时，通过控制线路使机床停止工作。有时还可以同时应用自动分类机让合格品通过，并选出可返修品、剔除废品。

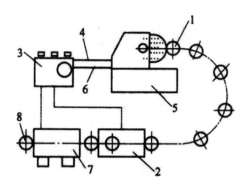

1—工件；2—测量装置；3—信号转换、放大装置；

4、6—控制线路；5—机床；7—自动分类机；8—合格品

图 8-5　自动补偿的基本过程

　　所谓补偿，是指在两次换刀之间进行刀具的多次微量调整，以补偿切削刃磨损给工件加工尺寸带来的影响。每次补偿量的大小取决于工件的精度要求，即尺寸公差带的大小和刀具的磨损情况。每次的补偿量越小，获得的补偿精度就越高，工件尺寸的分散范围也越小，对补偿执行机构的灵敏度要求也越高。

　　根据误差补偿运动实现的方式，可分为硬件补偿和软件补偿。硬件补偿是由测量系统和伺服驱动系统实现的误差补偿运动，目前多数机床的误差补偿都采用这种方式。软件补偿主要是针对像三坐标测量机和数控加工中心那样的结构复杂的设备。由于热变形会带来加工误差，因此，其补偿原理通常是：先测得这些设备因热变形产生的几何误差，并将其存入这些设备所用的计算机软件中；当设备工作时，对其构件及工件的温度进行实时测量，并根据所测结果通过补偿软件实现对设备几何误差和热变形误差的修正控制。

　　自动调整相对于加工过程是滞后的。为保证在对前一个工件进行测量和发出补偿信号时，后一个工件不会成为废品，就不能在工件已达到极限尺寸时才发出补偿信号，而必须建立一定的安全带，即在离公差带上、下限一定距离处，分别设置上、下警告界限。当工件尺寸超过警告界限时，计算机软件就发出补偿信号，控制补偿装置按预先确定的补偿量进行补偿，使工件回到正常的尺寸公差带中。由于刀具的磨损，轴的尺寸不断增大，当超过上警告界限而进入补偿带时，补调回到正常尺寸带中。由于刀具磨损，孔的尺寸会逐渐变小，当超过下警告界限时就应自动进行补偿。如果考虑其他原因，如机床或刀具的热变形会使工件尺寸朝相反的方向变化，则应将正常公差带放在公差带中部，两端均设置补偿带。此时，补偿装置应能实现正、负两个方向的补偿。

第三节 刀具状态的自动识别和监测

一、刀具尺寸控制系统的概念

在自动化生产中，为了缩短调刀、换刀时间，保证加工精度，提高生产效率，已广泛采用尺寸控制系统。刀具尺寸控制系统是指加工时对工件已加工表面进行在线自动检测。当刀具因磨损等原因，使工件尺寸变化而达到某一预定值时，控制装置发出指令，操纵补偿装置，使刀具按指定值进行微量位移，以补偿工件尺寸变化，使工件尺寸控制在公差范围内。

尺寸控制系统由自动测量装置、控制装置和补偿装置组成。图 8-6（a）所示为典型镗孔尺寸控制系统。加工后的工件由测头进行测量，其测量值传递给控制装置，控制装置将测量值与规定尺寸进行比较，获得尺寸偏差值，然后将偏差值信号转换和放大，再传递给补偿装置，补偿装置利用信号，使镗头上的镗刀产生微量位移，然后继续加工下一件。图 8-6（b）所示为常用的拉杆摆块式补偿装置。刀具的径向尺寸补偿由拉杆的轴向位移转换为摆块的摆动来实现。

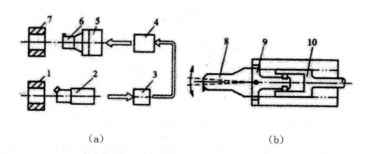

（a）　　　　　　　　　　　　（b）

（a）尺寸控制系统工作原理；（b）拉杆摆块式补偿装置

1—已加工工件；2—测头；3—控制装置；4—补偿装置；5—镗头；

6—镗刀；7—待加工工件；8—镗刀；9—摆块；10—拉杆

图 8-6　镗孔尺寸控制系统

二、刀具补偿装置的工作原理

通常自动补偿系统由测量装置、信号转换或控制装置和补偿装置等三部分组成。自动补偿系统的动作滞后于加工过程，为保证加工前一个工件时后一个工件的加工不会受到太大的影响，必须在工件达到极限尺寸前就发出补偿信号。一般应使发出补偿信号的界限尺寸在工件的极限尺寸以内，并留有一定的安全带。如图8－7所示，通常将工件的尺寸公差带分为若干区域。图8－7（a）为孔的补偿带分布图，加工孔时，由于刀具磨损，工件尺寸不断变小。当进入补偿带时，控制装置就发出补偿信号，补偿装置按预先确定的补偿量补偿，使工件尺寸回到正常尺寸中。在靠近上、下极限偏差处，还可根据具体要求划出安全带，当工件尺寸由于某些偶然原因进入安全带时，控制装置发出换刀或停机信号。图8－7（b）是轴的补偿带分布图。在某些情况下，考虑到可能由于其他原因，例如机床或刀具的热变形，会使工件尺寸朝相反的方向变化，如图8－7（c）所示，将正常尺寸带放在公差带的中部，两端均划出补偿带。此时，补偿装置应能实现正、负两个方向的补偿。一般情况下，若某个工件的尺寸进入补偿带时不会立即给予补偿，而是当有连续的几个补偿信号发出时，补偿装置才会收到动作信号。

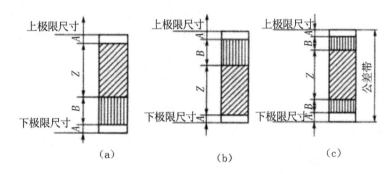

（a）孔的补偿分布图；（b）轴的补偿带分布图；（c）正负两方向的补偿分布图

Z—正常尺寸带；B—补偿带；A—安全带

图8－7　尺寸公差带与补偿带

测量控制装置大多向补偿装置发出脉冲补偿信号，或者补偿装置在接收信号以后进行脉动补偿。每一次补偿量的大小，决定于工件的精度要求，即尺寸公差带的大小，以及刀具的磨损状况。每次的补偿量越小，获得的补偿精度越高，工件的尺寸分散度也越小。但此时对补偿执行机构的灵敏度要求也越高。当补偿装置的传动副存在间隙和弹性变形以及移动部件间有较大摩擦阻力时，就很难实现均匀而准确的补偿运动。

三、刀具补偿装置的典型机构与应用

(一) 双端面磨床的自动补偿

图 8−8 所示为磨削轴承双端面的情形，机床有左右两个砂轮和，被磨削工件从两个砂轮间通过，同时磨削两个端面，气动量仪的喷嘴用于测量砂轮相对于定位板的位置，并保证定位板比砂轮的工作面低一个数值 Δ，以保证工件顺利输出。已加工工件的厚度由挡板、气动喷嘴进行测量。如果砂轮磨损了，则气隙 Z_1 变大，气动量仪将发出信号，使砂轮进行补偿；如果工件尺寸过厚，则气隙 Z_2 将变小，气动量发出信号，使砂轮进行补偿。

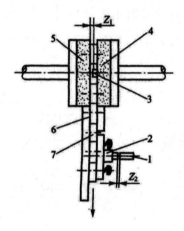

1、3—喷嘴；2—挡板；4、5—砂轮；6—定位板；7—工件

图 8−8　自动测量示意图

(二) 镗孔刀具的自动补偿

镗刀的自动补偿方式最常用的是借助镗杆或刀夹的特殊结构来实现补偿运动。这一方式又可分为两类：①利用锤杆轴线与主轴回转轴线的偏心进行补偿；②利用摆杆或刀夹的弹性变形实现微量补偿。

压电晶体式自动补偿装置是一种典型的变形补偿装置，它是利用压电陶瓷的电致伸缩效应来实现刀具补偿运动的。如石英、钛酸钡等一类离子型晶体，由于结晶点阵的规则排列，在外力作用下产生机械变形时，就会产生电极化现象，即在承受外力的相应两个表面上出现正负电荷，形成电位差，这就是压电效应。反之，晶体在外加直流电压的作用下，就会产生机械变形，这就是电致伸缩效应。

采用压电陶瓷元件的镗刀自动补偿装置如图 8−9 所示。该装置的补偿原理如

下：当压电陶瓷元件通电时向左伸长，于是推动滑柱、方形楔块和圆柱楔块，通过圆柱楔块的斜面，克服板弹簧的压力，将固定在滑套中的镗刀顶出；当通入反向直流电压时，压电陶瓷元件收缩，在弹簧的作用下，方形楔块向下位移，以填补由于元件收缩时腾出的空隙；当再次变换通入正向电压时，压电陶瓷元件又伸长，如此循环下去，经过若干次脉冲电压的反复作用，刀具向外伸出预定的补偿量。

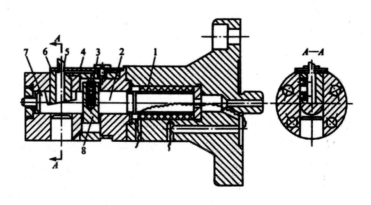

1—压电陶瓷元件；2—滑柱；3—弹簧；4—板弹簧；

5—镗刀；6—滑套；7—圆柱楔块；8—方形楔块

图 8—9　电晶体式自动补偿装置

该装置采用 300V 的正反向交替直流脉冲电压以计数继电器控制脉冲次数。每一脉冲的补偿量为 0.002～0.003mm，刀尖的总补偿量为 0.1mm。

（三）精密丝杠螺距的自动补偿

精密丝杠螺距的自动补偿系统，由微机、微处理器、测量系统、补偿执行机构所组成。光电码盘每转发出一定数量脉冲测量主轴回转位置，线性位移传感器（如光栅）测量溜板相应于主轴回转位置的位移，将此两组数据送入微处理器进行在线分析处理，得出车床丝杠的螺距误差数据，再送入微机进行建模。通过微处理器进行预报控制，驱动压电陶瓷车削补偿执行机构作螺距误差补偿。单个螺距误差可减少 80%，累积螺距误差可减少 99%。

第四节　自动化加工过程的检测和监控

一、监控系统的组成和功能

有效的监控加工过程是实现机械制造自动化的最基本要求之一。在线监控技术涉及很多的技术领域，如传感技术领域和计算机技术领域。自动化加工过程的监控系统主要由四个系统组成，即信号检测系统、特征提取系统、状态识别系统和决策与控制系统。

（一）信号检测系统

机械加工时存在很多状态信号，它们以各自的方式反映加工进行的程度和状态的变化。常见的检测信号很多，如切削力、切削功率等。选择正确的检测信号是监控成功的第一步。这一信号必须能够及时而准确地反映加工状态的变化且易于实现监测，最重要的是被检信号要稳定，同样信号检测不能影响整个机械加工的进行。监控信号由相应的传感器捕获并进行预处理。

（二）特征提取系统

特征提取是基于被检信号的又一次加工，从大量的检测信号中提取出最相关的特征参数，其目的是提高信号的信噪比，增强系统的抗干扰能力。常用的提取方式有时域法和频域方法等，提取的特征参数质量将直接影响监控系统的性能和可靠性。

（三）状态识别系统

通过建立合理的识别模型，根据所获取加工状态的特征参数，将加工过程的状态进行分类判断。建模就是建立特征参数与加工状态的映射。建模方法主要有统计法、模式识别、专家系统、模糊推理判断法、神经网络法等。

（四）决策与控制系统

根据状态识别的结果，在决策模型指导下对加工状态中出现的故障作出判决，并进行相应的控制和调整，例如改变切削参数、更换刀具、改变工艺等。要求决策系统实时、快速、准确、适应性强。

二、刀具的自动监控

随着柔性制造系统、计算机集成制造系统等自动化加工系统的发展，对加工过程刀具的切削状态的实时在线监测越来越必要。在自动化制造系统中，设置刀具磨损、破损检测与监控装置，可以防止发生工件成批报废和设备损坏事故。刀具的自动监控范围主要包括刀具寿命、刀具磨损、刀具破损以及其他形式的刀具故障。

（一）刀具寿命自动监控

刀具寿命检测原理是通过对刀具加工时间的累计，直接监控刀具的寿命。当累计时间达到预定的刀具寿命时，发出换刀信息，计算机控制系统将立即中断加工作业，或者在加工完当前工件后即停车换刀。这样利用检测装置的定时和计数功能，便可有效地进行刀具寿命管理。还有一种建立在以功率监控为基础的统计数据上的刀具寿命监测方法，它无须预先确定刀具寿命，而是通过调用统计的"净功率—时间"曲线和可变时钟频率信号来适应不同的刀具和切削用量，实现刀具寿命监控。它能随时显示刀具使用寿命的百分数，当示值达到 100％时，表示已到临界磨损，应给予更换。

（二）刀具磨损、破损的自动监测

长期以来人们研究和应用了许多刀具磨损、破损的自动监测方法，大致可分为直接法和间接法两类。直接法主要包括视觉图像法、接触法和激光法，这方面内容已在本书上节作过介绍。间接法主要包括切削力（扭矩）法、功率（电流）法、切削温度法、声发射法和噪声/振动分析法以及加工表面纹理与粗糙度辨识法等。在大多数切削加工过程中，刀具的磨损量往往因被工件、切屑等所遮盖而很难直接测量。因此，目前对刀具磨破损状态的监控，更多的是采用间接方式。

1．监测切削力

切削过程中会产生切削力。切削力不仅是制定切削用量和设计切削机床的重要依据，也是表征切削过程的最重要特征和自动化加工中对切削过程进行监测的重要信号，可用作对切削过程进行自适应控制的重要参数。

切削力的变化是切削过程中与刀具磨损、破损状态最为密切相关的一种物理现象，切削力对刀具的破损和磨损十分敏感。当刀具磨钝或轻微破损时，切削力会逐步增大。而当刀具突然崩刃或破损时，三个方向的切削力会不同程度地增大，故可以用切削力的比值或比值的导数作为判别刀具磨破损的依据。采用切削力作为工况监测信号，具有反应迅速、灵敏度高的优点。

测力仪可用于测量动态切削力，而且能同时测量各向切削分力和扭矩。根据测力仪所应用的测量方法和测力传感器来分类，有机械的、液压的、电容的、电感的、炭堆电阻的、电阻应变片的和压电晶体的等种类，其中压电晶体传感器因灵敏度高，受力变形小而应用日益广泛。石英是一种各向异性的透明单晶体，外形呈六棱柱状，可根据需要将石英晶体切成不同方向和不同尺寸的晶片。不受外力时，石英晶体中质点正负电荷重心重合，晶体的总电矩为零，晶体表面不产生电荷；受外力而沿一定方向发生形变时，引起正负电荷偏离平衡位置，重心不重合而使总电矩发生改变，晶体两相对表面产生电荷现象。石英力传感器就是利用这种由于机械力的作用而产生表面电荷的效应。不同方向切片的石英晶体，产生电荷的力作用方向不同，测力仪中的压电晶体传感器使用纵向压电效应和切向压电效应，垂直于 X 轴切成的晶片仅对垂直于晶片的力敏感而产生电荷，对切向力不敏感；垂直于 Y 轴切成的晶片仅对切向力敏感而对垂直力不敏感，故可用在多向分力的测量而避免分力的相互干扰。这类典型的切削力测量系统由测力计、电荷放大器、信号采集卡、计算机和切削力测量软件组成。压电传感器输出的电荷，经电荷放大器放大和转换，成为计算机信号采集卡可读入的电压信号，读入计算机后经专用软件处理，按需要输出测量值或绘出力的变化图形。测力仪需经事先静态和动态标定，以便将测力时的电压输出读数转换成力值。

车削测力仪、钻削测力仪、铣削测力仪都有许多成熟的产品，但台式测力计对工件安装尺寸的限制使它主要用于实验研究。德国 Promess 公司生产的力传感器装在主轴轴承上，即制成专用测力轴承，可以方便地用于实际生产中测量切削力，其他公司也相继推出了类似产品。其工作原理是：滚动轴承外环圆周上开槽，沿槽底放入应变片，滚动体经过该处即发生局部应变，经应变片桥路给出交变信号，其幅度与轴承上的作用力成正比。应变片按 180°配置，两个信号相减得轴承上作用的外力，相加则得到预加载荷。如能预先求得合理的极限切削力，则可判断刀具的正常磨损与异常损坏。在切削力监控技术方面具有代表性的成果是瑞典 Sandvik Coromant 公司推出的 TM－BU－1001 型刀具监控仪，该系统采用的力传感器可安装于主轴轴承、进给丝杠上，可设置三个门限，一旦超限自动报警。

2. 监测功率

功率监测法是通过测定主轴负荷功率或电流电压相位差及电流波形变化等来确定切削过程中刀具是否破损。刀具磨损或破损时，由于切削力的增大，造成切削功率的增加，从而使机床驱动主运动的电机负载变大。

3. 监测声发射

用声发射（Acoustic Emission，AE）法来识别刀具破损也是受到关注的一种监控方法。声发射是固体材料受外力或内力作用而产生变形、破裂或相位改变时以弹性应力波的形式释放能量的一种现象。声发射信号可用压电晶体等传感器检测出来。切削加工中，刀具如果锋利，切削就轻快，刀具释放的变形能就小，AE 信号微弱；刀具磨损会使切削抗力上升，从而导致刀具的变形增大，产生高频、大幅度的增强声发射信号，破损前其 AE 信号则会急剧增加。利用上述规律，人们开发出了刀具破损声发射监测设备。当切削加工中发生钻头破损时，用安装在工作台上的声发射传感器检测钻头破损所发出的信号，经信号分析处理，当确认钻头已破损时，检测器发出换刀信号。

4．监测振动信号

振动信号对刀具磨损和破损很敏感。像小直径的钻头和丝锥等，在加工中容易折断，故可在攻螺纹前的工位设置刀具破损自动检测，并及时报警，以防止在攻螺纹工序中出现工具破坏和成批的废品。一个加速度计被安装在刀架的垂直方向以获取和引出振动信号，信号经放大、滤波和模数转换后送入计算机进行数据处理和比较分析。当计算机判别刀具磨损的振动特征量超过允许值时，控制器就会发出换刀信号。但是，由于刀具的正常磨损与异常磨损之间的界限不明确，针对各种工况不容易事先设定合适的特征量临界值，只有通过模式识别构造出判断函数，并且能在切削过程中自动修正界定值，才能保证在线监控的结果正确。此外，需要正确选择振动参数以及排除切削过程中干扰因素的敏感频段。

5．监测切削温度

切削和磨削时所消耗的功，有 $97\%\sim99\%$ 转化为热能。这些热能绝大部分由切屑、工件和刀具传出，少量以热辐射的形式向周围散发。切削热、磨削热可能引起工件变形，影响加工精度；可能使工件表面产生金相组织变化甚至烧伤，影响零件耐磨性。切削热也是引起刀具磨损的主要原因之一。因此，通过在线监测切削、磨削温度可以掌控加工过程，有助于实现自动化加工。

切削、磨削温度的测量方法有许多种，其中热电偶法和红外测温法应用最多：利用刀具与工件组成自然热电偶，测量刀具—工件接触面的平均温度和利用红外热像仪监控切削、磨削区温度场是在自动化生产过程中比较有实际意义的方法。

自然热电偶法利用刀具和工件作为热电偶的两极，切削时刀具和工件接触，形成测温回路。切削时刀具—工件接触处温度升高，成为热端，测温电路刀具和工件引出端保持室温为冷端，因此测温回路中产生温差电势，它反映热端和冷端的温差大小。测出温差电势的大小，并根据刀具、工件两电极材料与温差电势的标定关系，就可得到切削中刀—工接触面的平均温度。用热电偶法测温时需注意冷端温度上升而引起的附加电势补偿问题。通过采取各种措施尽量使冷端保持低温，如采用接长杆或补偿导线，使冷端远离热端，或者测量冷端温度后进行数据补偿处理。此外，用自然热电偶测量切削温度时，需要解决将高速旋转的刀具或工件上的热电势信号导出到静态接点的问题。常用的方法是采用铜顶尖、水银集流器或电刷，但这也会引起附加电势，应对此进行补偿。

红外测温法是利用物体的热辐射特性来测量温度的，属于非接触式测温，具有测量范围大、测量速度快的特点。使用红外电温度计可测量刀具或工件端面某点的温度；使测温计与刀具或工件同步移动，则可动态检测某点的温度；多点布置红外点温度计，可以测量刀具或工件表面的温度分布。红外温度传感器品种繁多，一些高精超小系列红外测温探头只有拇指大小，测温范围却可从 $-40 \sim 1100℃$，最小探点为 $1/2mm$，信号输出方式有标准模拟输出和数字输出。基于计算机数据采集与处理的红外自动测温技术在自动化生产中得到广泛应用。

由于工件和刀具都不是黑体，所以应用红外测温技术时应进行标定，即需要得出被测物体表面温度与测温仪器接收红外辐射强度的关系。通常是用实验标定法。

更直接的测量刀具和工件温度分布的手段是使用红外热像仪。红外热像仪利用红外探测器和光学成像物镜接受被测目标的红外辐射能量分布，从而将不可见的红外能量转变为可见的红外热图像，热图像上的不同颜色表示被测物体表面的不同温度。目前，红外热像仪已具备红外图像和可见光图像合成功能，有些可动态监视和保存图像的热像仪，与计算机视频和图像技术结合，可用于加工过程的温度分布监视和记录。

6. 检测工件已加工表面

基于机器视觉和利用激光监测工件已加工表面状态，据此间接监测刀具状态的方法已在本书上节介绍过。相对于其他的监测方法而言，这类非接触式刀具状态监测方法具有所需设备和时间少、激光可以远距离发送和接收的优点，目前已得到一些应用，并可能逐步发展成为刀具状态监测的重要手段。

7. 多传感器信息融合

关于刀具磨破损状态间接检测的方法还有很多，但每种方法都有其优点和缺点。欲通过间接法得到满意的刀具磨破损状态检测监控效果，需要建立比较理想的刀具磨损检测模型（对刀具状态变化反应灵敏，而对切削条件变化不敏感），开发利用灵敏、稳定、实用的测量装置。

由于单一传感器监测技术只能提供局部信号源信息，所获得的信息量有限，抗干扰能力低，限制了监测系统可靠性的提高，刀具状态监测的信息采集正向多传感器方向发展。采用多传感器监测技术对切削过程中的刀具状态进行在线监测，能提供不同的信息源，综合利用多种特征参数，较完善、精确地反映切削过程特征。它具有信息覆盖范围广、抗干扰能力强等特点。这些传感器的安装不影响机床的加工性能，具有良好的工业应用前景。

三、加工设备的自动监控

自动化加工设备运行中因其零部件和元器件受到力、热、摩擦、磨损等多种作用，可能产生各种物理的、化学的信号以及几何参数等运行状态的不断变化，当这类信号和参数的变化超过一定范围时，即被认为存在运行异常。加工设备自动监控的目标就是检测并诊断故障，其基本方法是将加工设备反馈的监测数据与加工设备输入的技术数据相比较，并利用比较差值对加工设备进行优化控制。

对加工设备进行自动监控，首先是进行状态量的监测。状态量监测就是用适当的传感器实时监测设备运行状态参数是否在正常范围。通常监测的参数有振动（位移、速度或加速度）、温度、压力、油料成分、电压、电流、声发射等。例如，当机床等加工设备的振动幅值或振动的频谱变化值超出已知常规范围，可能表明设备的轴承、齿轮、转轴等运动件出现磨损、破损、破裂等故障；通过监测设备的温度，可以判别机床主轴轴承、移动副等部位的配合和磨损状态；监测油压、气压能及时预报油路、气路的泄漏状况，防止夹紧力不够而出现故障；监测润滑油的成分变化可以预测轴承等运动部件出现磨损、破损现象；监测电压、电流可以掌握电子元件的工作状态以及负荷情况；监测声发射信号可以判断机床轴承、齿轮的破裂等故障。

在获得状态量监控数据流的基础上，要进行加工设备运行异常的判别，即将状态量的测量数据进行适当的信息处理，判断是否出现设备异常的信号。对于状态量逐渐变化造成运行异常的情况，可以根据其平均值进行判别。但是，在某些情况下，如果状态量的平均值不变化，而状态参数值的变化却在逐渐增大，此时，仅根据运行状态量的平均值不能判别其是否出现异常情况，而需要根据其方差值进行判别。同样的振动数据，假如是滚动轴承损伤产生特定频率的振动时，其异常现象用振动信号的方差也难以发现，这时就要找出这些数据中含有哪些频率成分，要用相关分析、谱分析等信号处理方法才能判别。

　　对设备的运行状态监测和状态异常的判别只能判断某台设备运转不正常，不能识别出故障发生的原因和位置，故仍难以排除故障和阻止重新出现该故障。识别故障原因是故障诊断中最难、最耗时的工作。人工智能、故障检测与诊断专家系统等被用于自动化设备的故障诊断。随着制造业的发展，加工设备结构越来越复杂精巧，越来越多学科技术综合化，对其故障的诊断技术要求也越来越高。另外，加工设备的模块化、数字化、智能化趋势也能为设备故障诊断提供有利条件。

第九章 装配过程自动化

机械装配是机械制造系统的重要组成环节，各种零部件（包括自制的、外购的和外协的）须经过正确的装配，才能形成最终产品。机械装配的效率和质量直接影响着整个制造系统的生产率和产品的总成本，但由于机械装配技术一直落后于机械加工技术，机械装配过程已成为自动化制造系统的薄弱环节。据有关资料统计，一些典型产品的装配时间占总生产时间的 $40\% \sim 60\%$，而目前产品装配的平均自动化水平仅为 $10\% \sim 15\%$。因此，提升机械装配的自动化程度和水平是现代制造工业发展过程中急需解决的关键问题。

第一节 装配自动化概述

装配自动化（Assembly Automation）是实现生产过程综合自动化的重要组成部分，其意义在于提高生产效率、降低成本、保证产品质量，特别是减轻或取代特殊条件下的人工装配劳动。

一、装配自动化的发展概况

自动装配系统第一个阶段是采用传统的机械开环控制单元。例如，操作程序由分配轴把操作时间及运动行程信息都记录在凸轮上。

第二个阶段的自动装配系统的控制单元采用了预调顺序控制器，或者采用可编程序控制器，操作时间分配和运动行程摆脱了机械刚性的控制方法。由于采用微电子器件，各种信息都编制在控制程序中，不仅调整方便，还提高了系统的可靠性。

发展到第三个阶段，产生了所谓的装配伺服系统。控制单元配备了带有智能电子计算机的可编程序控制器，能发出改变操作顺序的信号，根据程序给出的命令和反馈信息，使操作条件或动作维持在设计的最佳状态。

对于精密零件的自动装配，必须提高夹具的定位精度和装配工具的柔顺性。为提高定位精度，可采用带有主动自适应反馈的位置控制器，通过光电传感视觉设备、接触压力传感器等对零件的定位误差进行测量，并采用计算机控制的伺服执行机构进行修正。这种伺服装配工具和夹具可进行精密装配。目前，定位精度在

0.01mm 的自动装配机已得以应用。

二、实现装配自动化的途径

针对我国目前的情况，实现装配自动化的途径主要如下。

（一）借助先进技术，改进产品设计

自动装配系统的最大柔性主要来自被制造的零件族的合理设计，工业发达国家已广泛推行便于装配的设计准则，主要有两方面内容：一是尽量减少产品中单个零件的数量，结构方面的一个区别是分立方式还是集成方式，集成方式可以实现元件最少，维修也方便；二是改善产品零件的结构工艺性，层叠式和鸟巢式的结构对于自动化装配是有利的。基于该准则的计算机辅助产品设计软件已开发成功。可以在这些先进技术的基础上，进行便于装配的产品设计，从而提高装配效率，降低装配成本。

（二）研究和开发新的装配工艺和方法

在当前的生产技术条件下，还应根据我国国情研究和开发自动化程度不一的各种装配方法。例如针对某些产品，研究利用机器人、刚性自动化装配设备与人工结合等方法，不盲目地追求全盘自动化，这有利于得到最佳经济效益。此外，还应加强基础研究，如研究如何合理配合间隙或过盈量的确定及控制方法、装配生产的组织与管理等，以开发新的装配工艺和技术。

（三）尽快实现自动装配设备与 FAS 的国产化

我们应根据国情加大自动装配技术的开发力度，在引进外来技术的基础上，实现自动装配设备的国产化，逐步形成系列型谱并实现模块化和通用化。装配机器人是未来柔性自动化装配的重要工具，集中优势跟踪这方面高技术的发展非常必要。我国已建立了装配机器人研究中心，并取得了很大进展。大力发展廉价的装配机器人，将是今后相当长时间内我国发展装配自动化的基本国策。

第二节　自动装配工艺过程分析和设计

一、装配工艺规程的内容

（一）产品图纸分析

从产品的总装图、部装图和零件图了解产品结构和技术要求，审查结构的装配

工艺性，研究装配方法，并划分能够进行独立装配的装配单元。

（二）确定生产组织形式

根据生产纲领和产品结构确定生产组织形式，装配生产组织形式可分为固定式和移动式两类。按照装配对象的空间排列、运动状态、时间关系、装配工作的分工范围和种类，可有多种具体组织形式。

固定式装配即产品固定在一个工作地点进行装配。这种方式多用于机床、汽轮机等成批生产中。

移动式装配流水线工作时产品在装配线上移动，有自由节奏和强迫节奏两种。采用自由节奏时各工位的装配时间不固定，而强迫节奏是定时的，各工位的装配工作必须在规定的节奏时间内完成。装配中如出现故障则立即将装配对象调至线外处理，以避免流水线堵塞，其中又可分为连续移动和断续移动两种方式。连续移动装配时，装配线连续缓慢地移动，工人在装配时随装配线走动，一个工位的装配工作完毕后工人立即返回原地。断续移动装配时，装配线在工人进行装配时不动，到规定时间，装配线带着被装配的对象移动到下一工位。移动式装配流水线多用于大批量生产，产品可以是小仪器仪表，也可以是汽车、拖拉机等大产品。

（三）装配顺序的决定

在划分装配单元的基础上，决定装配顺序是制定装配工艺规程中最重要的工作。根据产品结构及装配方法划分出套件、组件和部件，划分的原则是先难后易、先内后外、先下后上，最后按零件的移动方向画出网络连线而得到装配系统图。例如，从图 9—1 中可以知道哪些装配工作（如 1）可以先于其他步骤（如 3、4、5）开始，在此步骤中哪些零件被装配到一起；一种装配操作（如 2）最早可以在什么时间开始；什么步骤（如 3、4）可以与此平行地进行；在哪个装配步骤（如 5）中另一零件（零件 D）的前装配必须事先完成。

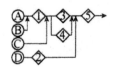

A、B、C、D—零件；1～5—连接过程

图 9—1　流程图

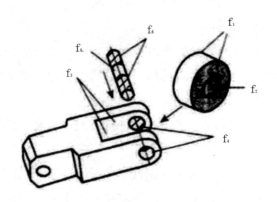

图 9-2 一个部件上的各个配合面

可以用配合面来描述装配零件之间的关系，配合面即装配时各个零件相互结合的面。每一对配合面 f 构成一个配合 e。如图 9-2 所示部件的装配关系可以描述为

$$(e_1 [f_1, f_3]) (e_2 [f_2, f_5]) (e_3 [f_4, f_6])$$

确定装配顺序时，除了考虑配合面，还要考虑装配对象、组织和操作工艺条件。

(四) 合理装配方法的选择

装配方法的选择主要是根据生产大纲、产品结构及其精度要求来确定的。大批量生产多采用机械化、自动化的装配手段；单件小批生产多采用手工装配。大批量生产多采用互换法、分组法和调整法等来达到装配精度的要求；而单件小批生产多用修配法来达到要求的装配精度。某些要求很高的装配精度在目前的生产技术条件下，仍靠高级技工手工操作及经验来得到。

二、自动装配工艺设计的一般要求

(一) 自动装配工艺的节拍

自动装配设备中，多个装配工位同时进行装配作业。要使各工位工作协调并提高装配工位和生产场地效率，必须使各工位同时开始和工作节拍相等。对装配工作周期较长的工序，可分散在几个工位装配。

(二) 避免或减少装配中基础件的位置变动

自动装配中通常装配基础件需要在传送装置上自动传送，并要求在每个装配工位上准确定位。因此，需要合理设计自动装配工艺，减少装配基础件在自动装配过程中的位置变动，如翻转、升降，以避免重复定位。

（三）合理选择装配基准面

合理选择装配基准面才能保证装配定位精度。装配基准面通常是精加工面或面积大的配合面，同时应考虑装配夹具所必需的装夹面和导向面。

（四）对装配件进行分类

为提高装配自动化程度，需要对装配件进行分类。按装配件几何特性可分为轴类、套类、平板类和小杂件四类，每类按尺寸比例又可分为长件、短件、匀称件四组，每组零件还可分为四种稳定状态，故总共有 48 种状态。经分类分组后，采用相应的料斗装置使其实现自动供料。

（五）装配件的自动定向

对形状规则的多数装配零件可以实现自动供料和定向，还有少数关键件和复杂件往往难以实现自动供料和定向，可以考虑用概率法、极化法和测定法解决问题。概率法是基于送到分类口的零件呈各种位置，能通过分类口的零件即可自动排列；极化法是利用零件的形状和重量的明显差异而使其自动定向；测定法是根据零件的形状，将其转化为电气的、气动的或机械的量，由此确定零件的排列位置。

（六）易缠绕零件的定量隔离

装配中的螺旋弹簧、纸箔垫片等都是易缠绕粘连件，需考虑解决其定量隔离的措施。如采用弹射器将绕簧机与装配线衔接，在螺旋弹簧的两端各加两圈紧密相接的簧圈以防相互缠绕。

（七）精密配合副的分组选配

自动装配中精密配合副的装配由选配来保证。根据配合副的配合要求，如配合尺寸、中立、转动惯量来确定分组选配，一般可分为 3～20 组。

（八）提高装配自动化水平的技术措施

设计的自动装配线要可扩展，以便于改进完善。设计时要根据具体情况，注意吸收先进技术，如向自动化程度较高的数控装配机或装配中心发展，应用具有触觉和视觉的智能装配机器人等，不断提高装配自动化程度。

（1）自动化装配线日益趋向机构典型化，形式统一，部件通用，仅需要更换或调整少量装配工作头和装配夹具即可适应系列产品或多品种产品轮番装配，扩大和提高装配线的通用化程度。

（2）向自动化程度较高的数控装配机或装配中心发展，通过装配工位实现数控化和具有自动更换工具的机能，能同时适应自动装入、压合、拧螺纹等，使自动装配线适应系列产品装配的需要。

（3）采用带存储装置的软装配线并采用电子计算机控制，扩大装配线的柔性程度。

（4）应用具有触觉和视觉的智能装配机器人，适应装配件传送和从事各种装配操作，进而还可发展为能看图装配的高级智能装配系统。

第三节　自动化装配设备

一、装配设备分类

装配设备就是用来装配一种产品或不同的产品以及产品变种的设备。如果要装配的是复杂的产品就需要若干台装配设备协同工作。装配设备可以分为以下几类。

（一）装配工位

装配工位是装配设备的最小单位，是为了完成一个装配操作而设计的。自动化的装配工位一般用来作为一个大的系列装配的一个环节，程序是事先设定的。

（二）装配间

装配间是一个独立的柔性自动化装配工位，它带有自己的搬送系统、零件准备系统和监控系统作为它的物流环节和控制单元。装配间适合中批量生产的工件装配。

（三）装配中心

装配间和外部的备料库（按产品搭配好的零件，放在托盘上）、辅助设备以及装配工具结合在一起统称为装配中心。

（四）装配系统

装配系统是各种装配设备连接在一起的总称。一套装配系统包括物流和信息流，有装配机器人的介入，除自动装配工位之外，还有手工装配工位，装配系统中设备的排列经常是线形的。

二、装配机

装配机是一种按一定时间节拍工作的机械化装配设备，其作用是把配合件往基础件上安装，并把完成的部件或产品取下来。装配机需要完成的任务包括配合和连接对象的准备、配合和连接对象的传送、连接操作与结果检查。装配机有时候也需要手工装配的配合。

（一）装配机的结构形式

装配机组成单元是由几个部件构成的装置，根据其功能可以分为基础单元、主要单元、辅助单元和附加单元四种。基础单元是具备足够静态和动态刚度的各种架、板、柱，主要单元是指直接实现一定工艺过程（如螺纹连接、压入、焊接等）的部分，它包括运动模块和装配操作模块。辅助单元和附加单元是指控制、分类、检验、监控及其他功能模块。

　　基础件的准备系统或装配工位之间的工件托盘传送系统一经确定，一台装配机的结构形式也就基本确定了。基础件的准备系统通常有直线形传送、圆形传送或复合方式传送几种。基础件的传送可以是连续的、按节拍的、固定的或变化步长的，还要考虑基础件的哪些面在通过装配工位时不会被遮盖或阻挡，可以让配合件和装配工具通过。因为基础件要放在工件托盘上传送，需用夹具固定，故要考虑夹紧和定位元件的可通过性，既不能在传送过程中与其他设备相碰，又不能影响配合件和装配工具通过。

　　自动装配机一般不具有柔性，但其中的基础功能部件、主要功能部件和辅助功能部件等都是可购买的通用件。

（二）单工位装配机

　　单工位装配机是指工位单一通常没有基础件的传送，只有一种或几种装配操作的机器，其应用多限于装配只由几个零件组成、装配动作简单的部件。在这种装配机上可同时进行几个方向的装配，工作效率可达到每小时 30～12000 个装配动作。这种装配机用于螺钉旋入、压入连接的例子，如图 9－3。

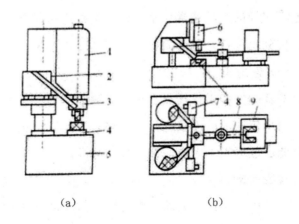

（a）　　　　　　　　　（b）

（a）自动旋入螺钉；（b）自动压力操作

1—螺钉；2—送料单元；3—旋入工作头和螺钉供应环节；4—夹具；

5—机架；6—压头；7—分配器和输入器；8—基础件送料器；9—基础件料仓

图 9－3　单工位装配机

可以同时使用几个振动送料器为单工位装配机供料。这种布置方式见图 9－4，所有需要装配的零件先在振动送料器里整理、排列，然后输送到装配位置。基础件经整理之后落入一个托盘，它保留在那里直至装配完毕。滚子和套被作为子部件先装配，然后送入基础件的缺口中，同时螺钉和螺母从下面连接。

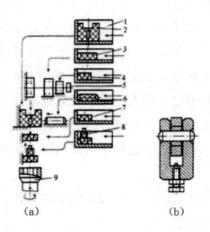

(a) 装配顺序；(b) 所完成的部件

1—供料；2—基础件；3—滚子；4—套；5—压头；6—销子；

7—螺母；8—螺钉；9—旋入器头部

图9—4 在单工位装配机上所进行的多级装配

(三) 多工位装配机

对有三个以上零部件的产品通常用多工位装配机进行装配，设备上的许多装配操作必须由各个工位分别承担，这就需要设置工件传送系统。

1. 多工位同步装配机

同步是指所有的基础件和工件托盘都在同一瞬间移动，当它们到达下一个工位时传送运动停止，同步传送可以连续进行。这类多工位装配机因结构所限装配工位不能很多，一般只能适应区别不大的同类工件的装配。

(1) 回转型自动装配机

该机适用于很多轻小型零件的装配。为适应供料和装配机构的不同，有几种结构形式。它们都只需在上料工位将工件进行一次定位夹紧，结构紧凑、节拍短、定位精度高。但供料和装配机构的布置受地点和空间的限制，可安排的工位数目也较少。手工上下料圆形回转台装配机能够完成最多由八个零件组成的部件装配，生产率为每小时装配 1～12000 个部件。基础件的质量允许 1～1000g，圆形回转台每分钟走 10～100 步，凸轮控制的机械最大运动速度不超过 300mm/s（如果是气动可以达到 1000mm/s 或更高）。若考虑自动上下料及连接，可以通过分离的驱动方式，或从步进驱动系统的轴再经过一个凸轮来实现控制。

通常圆形回转台装配机的工位数即被装配零件的数量为 2、4、6、8、10、12、16、24 个，而其中检验工位常常占据一半。装配工位的数目直接受圆形工作台直径限制，如果需要的装配工位多或需要装配的产品尺寸大，则不适宜采用这种结构的装配机。

（2）鼓形装配机

鼓形装配机很适合完成基础件比较长的产品或部件装配工作。这种装配机的工件托架绕水平轴按节拍回转，基础件牢固地夹紧在工件托架上。

（3）环台式装配机

在环台式装配机上，基础件或工件托盘在一个环形的传送链上间歇地运动，环内、环外都可设置工位，故总工位数比圆形回转台装配机的多。

在环台式装配机上基础件或工件托盘的运动可以有两种不同的方式：第一种是所有的基础件或工件托盘同步前移；第二种是当一个工位上的操作完成以后，基础件或工件托盘才能继续往前运动、环台表面向前运动则是连续不断的。各个装配工位的任务应尽可能均匀地分配，以使它们的操作时间大体上一致。

（4）纵向节拍式装配机

纵向节拍式装配机就是把各工位按直线排列，并通过一个连接系统连接各工位，工件流从一端开始，在另一端结束，可以按需设置工位数量（最多达 40 个）。但是，如果在装配过程中使用托盘输送，则需要考虑托盘返回问题。

典型的纵向节拍式装配机的运动结构方式有履带式、侧面循环式和顶面循环式。纵向节拍式装配机不一定是直线形的，有一定角度、直角和椭圆形状的传送机构也归入此类。自行车脚踏板的装配机是直角装配机的一个实例，如忽略空工位，该机生产率为每小时 650 件。

（5）转子式装配机

转子式装配机是专为小型简单而批量较大的部件装配而设计的（基础件的质量为 1～50g），其效率可达每小时 600～6000 件。

一个工作转子可以安置在装配线的任何位置，在每台转子式装配机上的工作又可以分成几个区域（图 9—5）。在图 9—5 所示的区域 I 里每个工件托盘得到一个基础件和一个配合件。在区域 II 装配机执行一种轴向压缩的操作（工作域）。在区域 III 装配好的部件被送出，或由传送转子送到下一个工作转子。区域 IV 可用作检查清洗工件托盘的工位。

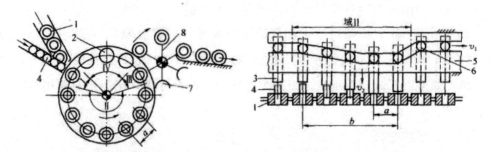

（a）转子俯视图；（b）连接工具的凸轮控制轨迹展开图

A—两配件之间的距离；b—连接操作的路径；

v_1—连接工具的圆周速度；v_2—连接工具的垂直运动速度

1—基础件；2—基础件接收器；3—压头；4—配合件；

5—固定凸轮；6—滚子；7—抓钳；8—传送转子

图 9—5 转子式装配机的结构原理

2. 多工位异步装配机

固定节拍传送的装配机工作中，当一个工位发生故障时，将引起所有工位的停顿，这个问题可以通过异步传送得到解决。

采用椭圆形通道传送工件托盘的异步装配机的全部装配工作由四台机器人完成，另外有一台检测设备来检出没有真正完成装配的部件并放入箱子里等待返修，把成品放上传送带输出。

三、装配工位

装配工位是装配设备的最小单位。它一般是为了完成一个装配操作而设计的。自动化的装配工位一般用来作为一个大的系列装配的一个环节。程序是事先设定的。它的生产效率很高，但是当产品变化时它的柔性较小。

柔性装配工位以装配机器人为主体，根据装配过程的需要，有些还设有抓钳或装配工具的更换系统以及外部设备，可自由编程的机器人的控制系统还可以同时控制外设中的夹具。

装配工位应该加入一个大的系统，通常的应用模式如旁路系统模式，这是一种相对独立的模式。在这个运输段里，工件托盘经过旁路送至装配工位。

这种模式可以脱离装配设备的主系统单独编程，测试程序然后与主系统连接。这种模式本身构成一个子系统，子系统通过内部的工件流系统可以构成一个独立的装配间。

四、装配间

装配间是一个独立的柔性自动化装配工位。它带有自己的搬送系统、零件准备系统和监控系统作为它的物流环节和控制单元。装配间适合中批量生产的装配工件。

作为装配间的一个典型例子，图 9-6 所示为 Sony 公司的 SMART（Sony Multi Assembly Robot Technology，索尼多装配机器人技术）。这个装配间的特色在于它的两部分供料系统：配合件的备料工段和工件托盘的输送工段。

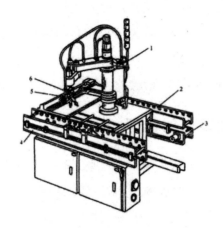

1—装配机器人；2—配合件的备料工段；3—配合件托盘的返回工段；

4—工件托盘（上有基础件）的输送工段；5—转塔机械手；6—转塔的回转机构

图 9-6　装配间 SMART

配合件是装在托盘里向前输送的，所以必须还有一个托盘的返回通道。配合件的连接时间 10~35s。这套装配间的一个突出优点是装有一只转塔式机械手，可以一次顺序抓取若干个工件。

现代化的设计方案也往往是"新"与"旧"结合的产物，如一台装配机器人与一个回转工作台相结合。装配机器人位于圆形回转工作台的正中，担负几个工位的连接操作。还有一种与之相似的结构变种，其工作台是由数控系统控制的，可以正向或反向回转，按产品的批量大小，装配间可以有不同的结构方案，既可以工作台回转一周完成装配，也可以回转两周完成装配。这样的工作方式可以限制抓钳更换和连接工具更换的频繁性。如果批量较大，几路并行的装配方式是更好的。

五、装配中心

装配间和外部的备料库（按产品搭配好的零件，放在托盘上）、辅助设备以及装配工具结合在一起统称为装配中心。仓储往往位于装配机器人的作用范围之外，作为一个独立的、自动化的高架仓库。仓储的物流和信息流的管理由一台计算机承担。也可以若干个装配间与一座自动化储仓相连接，组成一套柔性装配系统。

六、装配系统

装配系统是各种装配设备连接在一起的总称。一套装配系统包括物流、能量流和信息流，有装配机器人的介入，除自动装配工位之外，还有手工装配工位，装配系统中设备的排列经常是线形的。特别是当产品的结构很复杂的时候还不能没有手工装配工位，这种手工与自动混合的系统称为混合装配系统。在这种系统中应该注意，在手工工位和自动化工位之间应该有较大的中间缓冲储备仓。

七、自动化装配设备的选用

选择自动化装配设备时首先要考虑的是生产率、产品装配时间，以及产品的复杂性和体积大小。此外，产品的预测越不确定需要装配机的柔性就越高。

第四节 自动装配线

一、自动装配线的概念

自动装配线是在流水线的基础上逐渐发展起来的机电一体化系统，是综合应用了机械技术、计算机技术、传感技术、驱动技术等技术，将多台装配机组合，然后用自动输送系统将装配机相连接而构成的。它不仅要求各种加工装置能自动完成各道工序及工艺过程，而且要求在装卸工件、定位夹紧、工件在工序间的输送甚至包装都能自动进行。

二、自动装配线对输送系统的要求

自动装配线对其输送系统有以下两个基本要求。

（1）产品或组件在输送中能够保持它的排列状态。

（2）输送系统有一定的缓冲量。

如果装配的零件和组件在输送过程中不能保持规定的排列状态，则必须重新排列，但对于装配组件的重排列，在形式和准确度方面，一般是很难达到的，而且重排列要增加成本，并可能导致工序中出现故障，因此要尽量避免重排列。图9－7（a）中，部件能以一个工件排列形式被输送，无随行夹具，可保持它的排列状态；在输送中，如果需要工件保持有次序的位置，那么，就要设计随行夹具。随行夹具在装配操作中没有作用，只是简单地固定工件或部件，使有次序的位置不会丧失。图9－8所示为一个简单的随行夹具，它适用于图9－7（b）所示的组件。使用随行夹具时，需要输送系统具有向前和返回的布置。

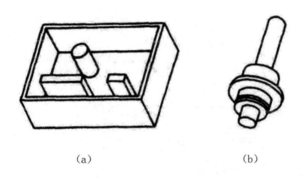

（a）　　　　　　　　　　　（b）

（a）箱体部件；（b）心轴组件

图9－7　有不同输送特点的产品组件例子

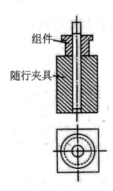

图9－8　输送一个组件的随行夹具

输送系统的设计也要根据循环时间、零件尺寸和需要的缓冲容量来确定。假设循环时间3s，缓冲容量2min，那么在输送系统内应保持着40（60×2÷3＝40）个工件的缓冲容量，缓冲容量决定于输送带的长度。假设工件或随行夹具长度为40mm，那么输送带长度应为1600mm。

对于较大的组件，单靠输送机输送带的长度不能达到要求的缓冲容量时，可以使用多层缓冲器。为了增大装配线的利用率，不仅需要在输送带上缓冲载有零件的随行夹具，而且也要缓冲返回运动中输送带上的空的随行夹具，这样才能保证在第二台装配机上发生短期故障时第一台装配机不因缺少空的随行夹具而停止工作。

图 9-9 所示为一台回转式装配机和一台直进式装配机的联合布置的工作方式。装配机 I 上装配的组件，由移位装置将它传送到 a 位置。气缸将组件从 a 位置移到输送带上输送走。装配机 II 的处理装置将输送系统端部 b 位置的组件移动，并放入装配机 II 的随行夹具内。此时，气缸将空的随行夹具载体横向推在输送系统返回输送带上，通过横向运动回到 I 端部的承载工位。

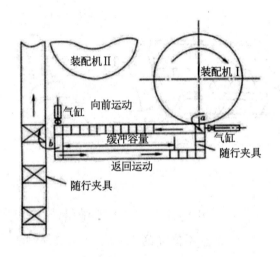

图 9-9　随行夹具系统使装配机联合的布置图

三、自动装配线实例

由华南理工大学完成的吊扇电机自动装配线平面布置如图 9-10 所示，该装配线用于装配 1400mm、1200mm 和 1050mm 三种规格的吊扇电机，生产节拍为 6～8s。吊扇电机结构如图 9-11 所示，其中定子由上下各一个向心球轴承支承。整个电机用三套螺钉垫圈连接，重 3.5kg，外径尺寸为 180～200mm。电机装配包括轴孔嵌套和螺纹装配两种基本操作，其中轴孔嵌套为过渡配合。

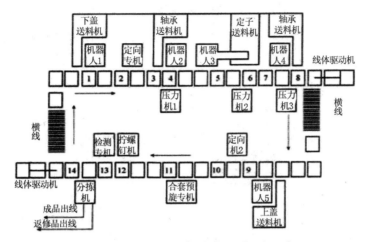

图 9—10　吊扇电机自动装配线平面布置

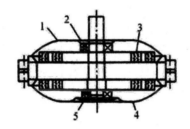

1—上盖；2—上轴承；3—定子；4—下盖；5—下轴承

图 9—11　吊扇电机结构

该装配线呈框形布置，有 14 个工位、3 台压力机、6 台专用设备、5 台装配机器人，每台机器人配有 1 台自动送料机，分布于线上的 34 套随行夹具按规定节拍同步传送。

（一）机器人

吊扇电机自动装配线所用机器人的工作任务如下：

（1）利用堆垛功能，实现对零件的顺序抓取，并运输到装配位置。

（2）配合使用柔性定心装置，实现零件在装配位置上的自动定心和插入。

（3）配合光电检测装置和识别微处理器，实现螺孔检测。

（4）利用示教功能，简化设备安装调整工作。

（5）具有一定柔性，使装配系统容易适应产品规格变化。

机器人自动夹持轴承的夹持器采用形状记忆合金制造，外形为直径 50mm、高 90mm 的圆柱体，重 400g，安装在机器人手臂末端轴上。其工作原理如图 9—12 所示。当夹持轴承时，夹持器先套入轴承，通电加热右侧记忆合金弹簧 SMA1，使其收缩变形，带动杠杆逆时针转动，轴承被夹紧 [图 9－12 （a）]；松夹时 SMA1 断电而通电加热左侧记忆合金弹簧 SMA2，使其收缩变形而带动杠杆顺时针转动，轴承被松开 [图 9－12 （b）]。

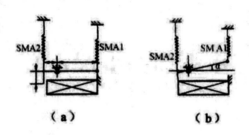

图 9－12　机器人夹持器

（二）周边装置

吊扇电机自动装配系统的周边装置包括自动送料装置、螺孔定向装置、螺钉垫圈合套装置等。轴承送料机主要由一级料仓、料道、给油器、机架、行程控制系统和气压传动系统组成。可储备物料 600 件，备料时间间隔 1h。

（三）安全措施

为保证吊扇电机自动装配线上的各个设备各自独立完成一定的动作，又按既定程序相互匹配，需对作业状态进行检测与监控，自动防止错误操作，必要时进行人工干预。在该装配线上共设置了数百个检测点，检测初始状态信息、运行状态信息及安全信息，尤其监控关键部位和易出故障部位，防止机构干涉和危险动作发生，如发现异常，能发出报警信号并紧急停机。采用三级分布式控制，可对整个装配过程集中监控且控制系统层次分明、职责分散。采用了多种联网方式保证整个系统运行的可靠性：在监控级计算机和协调级中型 PLC/C200H 之间使用 RS232 串行通信；在协调级和各机器人之间使用 I/O 连接；在协调级和各执行级控制器之间使用光缆通信。在气动系统方面，采用专用稳压气源，空气经过滤和除湿，对执行气缸设有缓冲装置。整条装配线用安全栅栏隔离，规定了上下料路线，禁止非操作人员进入作业区。

该装配线投入使用后，产品质量得到显著提高，返修率降低了 5％～8％。

第五节　柔性装配系统

一、柔性装配系统的组成

柔性装配系统具有相应的柔性，可对某一特定产品的变型产品按程序编制的随机指令进行装配，也可根据需要增加或减少一些装配环节，在功能、功率和几何形状允许的范围内，最大限度地满足一族产品的装配。

柔性装配系统由装配机器人系统和外围设备组成。外围设备可以根据具体的装配任务来选择，为保证装配机器人完成装配任务通常包括灵活的物料搬运系统、零件自动供料系统、工具（手指）自动更换装置及工具库、视觉系统、基础件系统、控制系统和计算机管理系统。

二、柔性装配系统的基本形式及特点

（一）柔性装配系统的基本形式

柔性装配系统通常有两种形式：一种是模块积木式柔性装配系统；另一种是以装配机器人为主体的可编程柔性装配系统。按其结构又可分为以下三种。

1. 柔性装配单元

这种单元借助一台或多台机器人，在一个固定工位上按照程序完成各种装配工作。

2. 多工位的柔性同步系统

这种系统各自完成一定的装配工作，由传送机构组成固定的或专用的装配线，采用计算机控制，各自可编程序和可选工位，因而具有柔性。

3. 组合结构的柔性装配系统

这种结构通常要具有三种以上的装配功能，是由装配所需的设备、工具和控制装置组合而成的，可封闭或置于防护装置内。

（二）柔性装配系统的特点

总体来说，柔性装配系统有以下特点。

（1）系统能够完成零件的自动运送、自动检测、自动定向、自动定位、自动装配作业等，既适用于中、小批量的产品装配，也适用于大批量生产中的装配。

（2）装配机器人的动作和装配的工艺程序，能够按产品的装配需要，迅速编制成软件，存储在数据库中，所以更换产品和变更工艺方便迅速。

（3）装配机器人能够方便地变换手指和更换工具，完成各种装配操作。

（4）装配的各个工序之间，可不受工作节拍和同步的限制。

（5）柔性装配系统的每个装配工段，都应该能够适应产品变种的要求。

（6）大规模的 FAS 采用分级分布式计算机进行管理和控制。

三、柔性装配系统应用实例

装配机器人是柔性装配系统中的主要组成部分，选择不同结构的机器人可以组成适应不同装配任务的柔性装配系统。

用于电子元件等小部件装配的柔性装配系统的工件托盘是圆柱形的塑料块，塑料块中有一块永久磁铁，借助磁铁的吸力，工件托盘可以被传送钢带带着移动。如发生堵塞，则工件托盘会在钢带上打滑，可以利用这一点形成一个小的缓冲料仓，工件托盘可以由一鼓形储备仓供给。

在装配工位上，工件托盘可以用一个销子准确地定位。钢带（工件托盘）可以在两个方向运动，即可以反向运动，配合件由外部设备供应。

根据装配工艺的需要，在这样的装配系统中，也可以配置多台机器人。用于印制电路板自动装配的柔性装配系统中，机器都作直角坐标运动，在一个装配间里可以平行安置若干个机器人协同工作，每一个机器人可以作为一个功能模块进行更换。

模块化的柔性自动化装配系统可以完成两个半立方体零件和联接销的装配工作。系统由料仓站、装配工作站和储藏站构成。料仓站中包含两个料仓，分别用于存放铝制半立方零件和塑料半立方零件。装配工作站完成装配件的搬运工作，并与销钉料仓中的销钉进行装配，储藏站将完成装配的部件搬运至货架。由于系统的模块化特性，可以针对不同的零件装配过程进行重构，并通过对 PLC 的重新编程来实现装配过程的自动控制。

第十章　自动化技术的现代化应用

　　自动化技术的发展已经深入到国民经济和人民生活的各个方面。在日常生活中，通过应用自动化技术，各种家用电器提高了性能和寿命。在工业生产中，各种机器设备都随着自动化技术的应用和自动化水平的提高，使其在生产过程中发挥了更好的作用，提高了产品的产量和质量。

　　在科学实验仪器、教育教学设备、广播通讯设备和医疗卫生设备中，自动化技术也提高了这些仪器设备的使用效率，方便了操作者的使用。

第一节　机械制造自动化

　　机械制造自动化主要包括金属切削机床的控制、焊接过程的控制、冲压过程的控制和热处理过程的控制等。过去机械加工都是由手工操作或由继电器控制的，随着自动控制技术和计算机的应用，慢速传统的操作方式已经逐渐被计算机控制的自动化生产方式所取代，下面就是机械制造自动化的一些主要方面。

一、金属切削过程的自动控制

　　金属切削机床包括常用的车床、铣床、刨床、磨床和钻床等，过去都是人工手动操作的，但是手工操作无法达到很高的精度。随着自动化技术和计算机的应用，为了提高加工精度和成品率，人们研制出了数控机床，这是自动化技术在机械制造领域的最典型应用。根据电弧熔化材料的原理，电熔磨削数控机床是专门用于加工有色金属，以及其他超粘、超硬、超脆和热敏感性高的特殊材料的一种机床。它解决了一些采用传统的车、铣、刨等加工方法不能满足加工要求的问题，是一种新型复合多用途磨削机床。由于机床在电熔放电加工时，电流非常大，以致达到数百、数千安培，所产生的电磁波辐射会严重地干扰控制系统。因此，机床中采用了抗干扰系列的可编程控制器 PLC 作为机床的控制核心，以保证电熔磨削数控机床能够正常工作，达到有关国家标准。机床运动控制系统主要由以下这几部分组成。

（一）放电盘驱动轴的控制

机床在电熔放电加工过程中，工件是卡在头架上以某一速度转动的，放电盘与工件是处于非接触状态，而且二者间需要保持一定线速度的相对运动，才能保证加工过程正常进行，因此，放电盘驱动电机的转速可以随工件头架驱动电机的转速的变化来变化，这个控制是由可编程控制器 PLC 来完成的。根据旋转编码器测量到的头架电机的速度信号，PLC 来调整变频器的输出驱动频率，从而保证了驱动放电盘的变频电机能够按要求的速度平稳运行。

（二）头架电机转速的控制

为了保证工件的加工精度，工件在转动时，它的加工点需要保持恒定的线速度。因此，头架驱动电机的转速是根据被加工工件的直径由 PLC 系统自动控制的。驱动信号是由 PLC 发出的，经过 D/A 转换到变频器，最后到达了驱动头架的变频电机。

（三）工作台运动控制

工作台的纵向运动（Y 轴）由直流伺服电动机驱动。系统要求其移动速度最快能达到 4m/min。

由于机床采用了计算机数字控制，方便了加工工件的参数设定，提高了机床运行的安全系数，保证了设备应用的可靠性，使生产安全、稳定和可靠。总的说来，数控机床性能稳定、质量可靠、功能完善，具有较高的性能价格比，在市场中具备强有力的竞争能力。

二、焊接和冲压过程的自动控制

焊接自动化主要是由自动化焊机，也就是机器人配合焊缝跟踪系统来实现的，这可以大幅度地提高焊接生产率、减少废料和返修工作量。为了最大限度地发挥自动焊机的功能，通常需要自动焊缝跟踪系统。典型的焊缝跟踪系统原来是通过电弧传感的机械探针方式工作的，这种类型的跟踪系统需要手工输入信息，操作者不能离开。机械探针式系统对于焊接薄板、紧密对接焊缝和点固焊缝时无能为力。此外，探针还容易损坏导致废料或者返修。新一代的产品是激光焊缝跟踪系统，它是在成熟的激光视觉技术的基础上，应用于全自动焊接过程中高水平、低成本的传感方式。它将易用性和高性能结合在一起，形成了全自动化的焊接过程。激光传感器也能在强电磁干扰等恶劣的工厂环境中使用。由激光焊缝跟踪和视觉产品配合的焊接自动化系统，已经在航天、航空、汽车、造船、电站、压力容器、管道、螺旋焊管、铁路车辆、矿山机械以及兵器工业等行业都得到了广泛的应用。

三、热处理过程的自动控制

近年随着自动控制技术的发展，计算机数字界面的功能、可靠性和性价比不断提高，在工业控制的各个环节的应用都得到了很大的发展。传统的工业热处理炉制造厂家，在工业热处理炉的电气控制上，大多还是停留在过去比较陈旧的控制方式；在配置上，如温度控制表＋交流接触器＋纸式记录仪＋开关按钮。

这样的控制方式自动化程度低、控制精度低、生产过程的监控少、工业热处理炉本身的档次低。但是，由计算机数字控制的热处理炉系统，使工业热处理炉的性能得到了显著提高。计算机数字控制系统一般是 32 位嵌入式系统，由人机界面、现场网络、操作系统和组态软件等部分构成。它适用于工业现场环境，安全可靠，可以广泛应用于生产过程设备的操作和数据显示，与传统人机界面相比，突出了自动信息处理的特点，增加了信息存储和网络通讯的功能。

采用包括计算机人机界面的自动控制系统，可以取代温度记录仪，利用人机界面自带的硬盘可以进行温度数据长时间的无纸化记录，而且记录通道可以比记录仪多得多；与 PLC 模拟量模块共同组成温度控制系统，可以取代温度控制仪表，进行处理温度的设定显示和过程的 PID 控制；还可以取代大部分开关按钮，在人机界面的触摸屏上就可以进行不同的控制操作。采用由人机界面组成的自动控制系统，还有以下普通控制系统无法比拟的优点。

（1）热处理炉的各个运行状态都可以在人机界面的彩色显示屏上进行动态模拟。

（2）可以利用人机界面的组态软件的配方功能进行工艺控制参数的设置、选择和监控。

（3）具有网络接口的人机界面可以通过网线连接到工厂的计算机系统，实现生产过程数据的远程集中监控。

第二节　过程工业自动化

过程工业是指对连续流动或移动的液体、气体或固体进行加工的工业过程。过程工业自动化主要包括炼油、化工、医药、生物化工、天然气、建材、造纸和食品等工业过程的自动化。过程工业自动化以控制温度、压力、流量、物位（包括液位、料位和界面）、成分和物性等工业参数为主。

一、对温度的自动控制

工业过程中常用的温度控制，主要包括以下几种情况。

（一）加热炉温度的控制

在工业生产中，经常遇到由加热炉来为一种物流加热，使其温度提高的情况，如在石油加工过程中，原油首先需要在炉子中升温。一般加热炉需要对被加热流体的出口温度进行控制。当出口温度过高时，燃料油的阀门就会适当地关小，如果出口温度过低，燃料油的阀门就会适当地开大。这样按照负反馈原理，就可以通过调节燃料油的流量来控制被加热流体的出口温度了。

（二）换热过程的温度控制

工业上换热过程是由换热器或换热器网络来实现的。通常换热器中一种流体的出口温度需要控制在一定的温度范围内，这时温度控制系统对换热器就是必需的。如图10－1所示，只要调节换热器一侧流体的流量，就会影响换热器的工作状态和换热效果，这样就可以控制换热器另一侧流体的出口温度了。

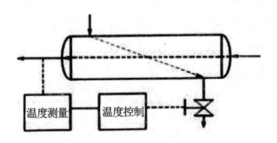

图 10－1 换热过程的温度控制原理图

（三）化学反应器的温度控制

工业上最常见的是进行放热化学反应的釜式化学反应器，调节夹套中冷却水的出口流量，就可以根据负反馈原理来控制反应釜中的温度了。

（四）分馏塔温度的控制

在炼油和化工过程中，分馏塔是最常见的设备，也是最主要的设备之一，对分馏塔的控制是最典型的控制系统。在分馏塔的塔顶气相流体经过冷凝之后，要储存在回流罐之中，分馏塔的温度控制就是利用回流量的调节来实现的。

二、对压力的自动控制

工业过程中常用的压力控制，主要包括以下几种情况。

（一）分馏塔压力的控制

分馏塔的压力是受塔顶气相流体的冷凝量影响的，塔顶气相流体的冷凝量可以由改变冷却水的流量来调节。这样分馏塔的压力就可以由调节冷却水的流量来控制了。

（二）加热炉炉膛压力的控制

加热炉的压力是保证加热炉正常工作的重要参数，对加热炉压力的控制是由调节加热炉烟道挡板的角度来实现的。

（三）蒸发器压力的控制

工业上常见到的对蒸发器压力的控制，通常是使用蒸汽喷射泵来得到一个比大气压还低的低气压，也就是工程上常说的真空度。因此，对蒸发器的压力控制也称为对蒸发器真空度的控制。

第三节　电力系统自动化

电力系统是与人们日常生活和企业生产息息相关的，所以保障电力系统稳定运行尤为关键。众所周知，电力系统覆盖范围广、系统元件多，在其运行过程中任意一个系统元件出现损坏都会影响到电力系统的运行质量，可见电力系统控制难度较大。随着人们生活水平的不断提高，对于电的需求也在不断增加，这就需要保障电力系统安全运行，为人民群众提供优质服务。在 21 世纪的今天，科学技术的发展日新月异，将智能技术应用到电力系统自动化中，有效提高了电力系统的性能，也为电力系统安全稳定运行提供重要保障。

一、电力系统自动化和智能技术概述

（一）电力系统自动化

以往我国电力系统的运行都是通过人力方式进行，这种人力运行方式一度解决了人民群众和社会经济发展的用电需求，但是随着我国用电客户的不断增多，电力行业也得到了飞速发展，电网设置的数量和规模多而复杂，以往的人力操作方式已经无法满足现代化用电需求，电力系统自动化应运而生。电力系统自动化指的是将电力系统中发电装置、电网调度以及配电系统应用智能信息处理技术，从而提高电力系统的自动化控制水平。其应用网络技术、信息技术、计算机技术等，通过这些先进的技术手段来模拟人工操作模式对电力系统进行控制，最终目的就是实现电力系统自动控制、检测和管理，电能的自动生产、自动管理运输环节，从而有效提高电力系统的运行效率。

（二）智能技术

随着计算机技术、互联网技术、仿生学技术的发展，智能技术随之产生，它是能够模拟人类行为和思维的技术，并且还具备一定模仿能力、学习能力、适应和组织能力等，可以对电力系统中的检测设备所收集的数据进行分析处理，从而对电力系统进行适当调整。对比传统的控制手段而言，智能技术控制技术具有很大的优势，不仅能够反馈系统和设备运行中问题，还能进行自动化解决，有效提高了设备和系统运行效率。所以，智能技术尤其适用于非线性和不确定问题的解决上，智能技术的诞生也将计算机由辅助作用逐渐转变为主导作用。智能技术主要是由神经网络控制、模糊控制、专家系统控制、综合智能控制以及线性最优控制等组成，随着电力事业的发展，智能技术已经广泛应用到电力系统自动化中，不仅提高电力系统自动化控制水平，还为电力系统安全稳定运行提供重要保障。

二、电力系统自动化智能技术在电力系统中的应用分析

（一）神经网络控制在电力自动化系统的应用

神经网络控制是人脑神经理论和控制理论结合产生的新型智能技术，是典型的非线性特征。神经网络控制技术是由复杂的神经元组成，相比其他智能技术而言，具有强大组织学习能力、信息处理能力和管理能力。首先，神经网络控制技术有效代替了人工控制，实现了电力系统的自动化控制；其次，神经网络技术也具备一定计算机技术，在其应用电力系统自动化中，提高了电力系统中数据计算能力；最后，神经网络技术在电力系统应用中，还能和其他的智能技术进行有机结合，从而提高电力自动化系统中参数优化和故障诊断能力，通过获得数据进行自动分析，从而得出电力设备的能量消耗、设备损耗以及总能耗。

（二）模糊控制技术在电力自动化系统的应用

以往控制系统中，动态模式的精确度是决定控制技术效果的关键因素，但是在

实际操作中，动态模式精确度难以真正测量到位，这是由于在控制系统中很多量很容易发生变化，系统动态情况的掌握也就无从谈起，控制技术所取得的效果往往不佳。模糊控制技术是在数学理论基础上发展起来的，其能够模拟人的综合决策过程和近似推理的过程，来提高控制算法的合理性、准确性和适应性。将模糊控制技术应用到电力系统自动化操作过程中，不仅有效保障了控制系统动态模式测量的精确度，还增加了电力系统控制效果，还能有效解决电力设备运行过程中出现的噪声问题。模糊控制技术已经广泛应用到我们日常生活和生产中，人们生活中所使用的电磁炉、电饭煲以及电风扇等电器都是模糊控制技术的体现。除此之外，在现代化电力系统中，首先要做的就是构建电力系统模型才能进行实现对电力系统的控制，模糊控制技术具有应用简单的特点，也是构建电力系统模型不二选择。

（三）专家系统控制技术在电力自动化系统的应用

在电力系统自动化中应用最多的就是专家控制系统技术，其工作原理就是通过计算机技术来模拟专家，在遇到问题时也能通过专家角度去解决，所以这个系统中应用了大量的专家知识、经验以及推理方法，可以说专家控制系统就是智能技术和计算机技术结合下的完美产物。将其应用到电力系统中，可以全面观察其运行状态，及时识别警告状态，并采取应对措施，及时解决电力系统中突发的紧急情况，通过识别电力系统警告状态的静态和动态，然后对系统中出现的故障进行自动化处理，确保电力系统的安全稳定运行。专家控制系统因此也被广泛应用在电力系统自动化中，主要用于自动化设备的运行、操作、管理等方面，推动了电力系统自动化进程。需要注意的是，专家控制系统是有着丰富的专家知识、经验数据库，但是在面对复杂的专业性问题以及创新问题时往往手足无措，所以应当加大对专家控制系统的研究，使其逐步完善。

（四）线性最优化控制系统在电力自动化系统的应用

线性最优化控制系统在现代控制理论中是非常重要的内容，也是实践中应用最为广泛的智能技术之一。在电力系统自动化中线性最优控制技术应用最佳的就是最优励磁控制技术，将其应用到电力系统中，不仅有效解决了动态品质问题，还大大提高了长距离输电线路的输电能力，所以最优励磁控制技术在长距离输电线路的应用最多，推动了电力系统自动化进程。除此之外，线性最优化控制技术还在水轮发电机中有所应用，有效控制了发电机制动电阻，提高了发电机的运行效率。需要注意的是，线性最优化控制技术只能在某些特定环境中才能真正发挥出最大功效，在其他工作环境中线性最优化控制技术并不具备优势，所以线性最优化控制技术应当妥善使用。

（五）综合智能系统在电力自动化系统的应用

综合智能控制系统涉及了很多方面，应用最多的是现代控制和智能控制结合以及多种不同智能控制技术的融合。由于现代化电力系统是一个复杂、庞大的系统，其运行规律、内部构造都较为复杂，以往的人工控制方式已经无法满足现代化电力系统发展需求，这就需要将综合智能控制技术应用其中，全面了解电力系统运行状况以及内部组成。在电力系统自动化中运用最多的综合智能系统就是专家控制系统和模糊控制系统结合、模糊控制系统和神经网络系统结合、专家控制系统和神经网络系统结合以及模糊控制系统和其他的控制系统结合。通过交叉结合的方式将不同智能控制技术之间优点互补，消除自身的缺点，将其结合后的产物应用到电力系统自动化中，不仅有效提高电力系统自动化运行效率和质量，还能确保其运行安全性。

三、电力系统自动化智能技术的未来展望

随着科学技术不断发展，电力系统自动化由以往单一单元转变为多功能单元、单向监控也转变为多线控制、高电压等级调节也逐渐转变为低电压调节。由此可见，我国电力系统自动化智能技术也日益成熟，其未来发展趋势也是为了实现电力系统的智能化实时控制、人工智能故障诊断这两个方向。首先，人工智能故障诊断，相比于以往电力系统故障诊断由单过程、单故障诊断以及无法满足电力系统发展的需求，人工智能故障诊断能够在电力设备的实际运行状况下基础上，对设备进行全方位的分析，并进行故障预防，控制电力系统运行质量；其次，智能化实时控制主要是在电力系统中，实现对其实时监控和电力系统数据的分析，不仅能够有效减少故障发生概率，还能减少设备资源的能耗。

总而言之，随着现代电力事业的发展，智能技术已成为电力系统自动化中重要组成部分，不仅能有效提高电力系统运行质量和效率，保障运行安全稳定，还提高了电力系统自动化进程。所以，电力事业应当加大对智能技术的研究力度，不断创新、改善不足，从而推动电力企业健康稳定发展。

第四节　飞行器控制

飞行器包括飞机、导弹、巡航导弹、运载火箭、人造卫星、航天飞机和直升飞机等，其中飞机和导弹的控制是最基本和重要的，这里只介绍飞机的控制系统。

一、飞机运动的描述

飞机在运动过程中是由六个坐标来描述其运动和姿态的，也就是飞机飞行时有六个自由度。其中三个坐标是描述飞机质心的空间位置的，可以是相对地面静止的直角坐标系的 X、Y、Z 坐标，也可以是相对地心的极坐标或球坐标系的极径和两个极角，在地面上相当于距离地心的高度和经度纬度。另外，三个坐标是描述飞机的姿态的，其中，第一个是表示机头俯仰程度的仰角或机翼的迎角；第二个是表示机头水平方向的方位角，一般用偏离正北的逆时针转角来表示，这两个角度就确定了飞机机身的空间方向；第三个叫倾斜角，就是表示飞机横侧向滚动程度的侧滚角。当两侧翅膀保持相同高度时，倾斜角为0°。

二、对飞机的人工控制

飞机的人工控制就是驾驶员手动操纵的主辅飞行操纵系统。这种系统可以是常规的机械操纵系统，也可以是电传控制的操作系统。人工控制主要是针对六个方面进行控制的。

（1）驾驶员通过移动驾驶杆来操纵飞机的升降舵（水平尾翼），进而控制飞机的俯仰姿态。当飞行员向后拉驾驶杆时，飞机的升降舵就会向上转一个角度，气流就会对水平尾翼产生一个向下的附加升力，飞机的机头就会向上仰起，使迎角增大。若此时发动机功率不变，则飞机速度相应减小。反之，向前推驾驶杆时，则升降舵向下偏转一个角度，水平尾翼产生一个向上的附加升力，使机头下俯、迎角减小，飞机速度增大。这就是飞机的纵向操纵。

（2）驾驶员通过操纵飞机的方向舵（垂直尾翼）来控制飞机的航向。飞机做没有侧滑的直线飞行时，如果驾驶员蹬右脚蹬时，飞机的方向舵向右偏转一个角度。此时气流就会对垂直尾翼产生一个向左的附加侧力，就会使飞机向右转向，并使飞机做左侧滑。相反，蹬左脚蹬时，方向舵向左转，使飞机向左转，并使飞机做右侧滑。这就是飞机的方向操纵。

（3）驾驶员通过操纵一侧的副机翼向上转和另一侧的副机翼向下转，而使飞机进行滚转。飞行中，驾驶员向左压操纵杆时，左翼的副翼就会向上转，而右翼的副翼则同时向下转。这样，左侧的升力就会变小而右侧的升力就会变大，飞机就会向左产生滚转。当向右压操纵杆时，右侧副翼就会向上转而左侧副翼就会向下转，飞机就会向右产生滚转。这就是飞机的侧向操纵。

（4）驾驶员通过操纵伸长主机翼后侧的后缘襟翼来增大机翼的面积进而提高升力。

（5）驾驶员通过操纵伸展主机翼后侧的翘起的扰流板（也叫减速板），来增大飞机的飞行阻力进而使飞机减速。

（6）驾驶员通过操纵飞机的发动机来改变飞机的飞行速度。

三、飞机控制系统的智能决策技术分析

在飞机运行过程中，用电子反馈的控制方式改善飞机的运动阻尼与稳定性，是主动控制的雏形。由于当时电子系统可靠性不如机械系统，因此只允许电子增稳的舵面偏转权限，但限制了由电子反馈主动改变飞机性能的能力。随着数字化技术、可靠性技术以及余度技术的发展与成熟，才实现了全时、全权限控制增稳系统。传统的飞机设计为获得稳定性应用了较大的平尾与垂尾，增加了重量。为保证机动能力需增加发动机的推力，以增加重推比，但这样又导致重量的再增加，并导致阻力与油耗的增加。智能控制技术正是力求解决飞机稳定性与机动性之间的设计矛盾，作用就是改善飞机的气动特性和结构特性。

（一）飞机的控制方案探究

飞机的飞行控制主要是稳定和控制飞机的角运动（偏航、俯仰与滚转）以及飞机的重心运动（前进、升降与左右）。飞机飞行控制采取的是反馈控制原理，即飞机是被控制对象，自动控制系统是控制器。飞机和自动控制系统按负反馈的原则组成闭环回路（飞行控制回路），实现飞机的稳定与控制。在这个闭环回路中被控制量主要有飞机的姿态角、飞行速度、高度和侧向偏离等，控制量是气动控制面的偏角和油门杆的位移。为了描述飞机的运动状态，需选定适当的坐标系，如机体坐标系、速度坐标系和地球坐标系。

（二）自适应动态规划技术分析

1. 动态规划技术的发展

动态规划可以有效进行最优化的控制与解决，但在实际应用当中，需要对动态

规划进行调整，使其更加适用于实际条件。由于最优化的控制和时间是有关系的，因此，只有计算出较为合适的时间序列，才能够更好地完成这个指标。ADP 是以神经网络系统来进行操作的计算机运行模式，是面向操作层的、神经网络初级阶段的产物，主要进行数据运算而不是管理。它可以方便工作人员使用，能够实现高效率的运转；可以将数据库与飞机控制管理的模型进行综合，为管理者提供一定的风险规避方案与将来的问题优化方案；可以使管理神经网络系统不断自我完善，成为高级神经网络系统。

2. 自适应动态规划技术浅析

（1）自适应动态规划是重要的发展方向。自适应动态规划以动态规划为基础，同时解决了最优控制和自动控制的问题，主要是根据贝尔曼的优化方式，使非线性系统和约束性较多的系统都能实现最优控制，不管初始状态如何，经过优化后都可得到最优的策略。但对于飞机操作来说，动态规划可能会存在一些问题，为此，就需要采用神经网络的方式进行学习与训练，使动态规划能够实现强化学习，同时可以近似的构造代价函数来进行规划，使结果更加满足于实际需求。

（2）动态规划方法是通过迭代的方法，来进行离散系统的最优求解的方式。可以利用最优的目标函数来得到动态规划的方程，利用系统的初值来对离散系统中的最优控制问题进行合理有效的解决，核心内容是贝尔曼的最优化方式。在实现最优化过程中，需把每一级都做到优化，无论初始状态如何，都可以逐步实现最终的最优控制，其重要的递推关系使复杂的优化过程转移到每一步上面，求解过程能够用计算机进行合理的解决。

（3）自适应的规划方式可以解决无法确定相关数学表达式的优化问题，可以对系统的输入和输出进行模拟与仿真，并建立最优化模型。但该模型还会存在一些不确定因素，因此要将状态与变量之间进行解耦运算，使维度高的系统得以简化，便于计算，同时对于离散化的系统，要将其转换为连续系统进行求解，这样就可以使复杂系统能够实现最优化。

（三）飞机控制系统的智能决策探究

自适应的动态规划主要是采用多样性的手段来实现飞机的最优化控制的，自适应动态规划的发展分为：离散时间非线性系统的自适应动态规划理论和连续时间非线性系统的自适应动态规划理论。二者相比，前者使用频率更高。

（1）离散时间非线性系统的自适应动态规划理论和方法。从实际情况来看，使用频率高的是离散时间非线性系统的自适应动态规划方法。在此框架下可实现较好的优化功能，包括评价模型和执行等部分。它能够实现完整的评价改善循环，如评价模块可以评估执行模块的实际效能，对于代价函数进行优化与修正；执行模块可以产生实际的动作来对所改进的策略进行执行，同时也能有效地根据被控对象的情况进行反应，将其进行运行之后，可以通过不同的反馈，来对实际评价与运行的情况进行确定。同时，利用相关的神经网络、强化学习等算法，来实现函数的近似与优化，能对系统的内部参数进行实时更新。既有效解决了传统规划当中无法解决的维数较多的问题，也解决了非线性系统的优化问题。

（2）当飞机控制模型在进行作用之后，可能会受到环境的影响，同时对于自身的评判体制造成一定的影响与反馈，同时利用设定好的函数结构或神经网络，就可以对执行函数和平方函数之间的误差来进行计算，实现最终的误差减少。如果是先判断后执行的话，就需要使评判函数最小，主要是通过贝尔曼的优化原则来进行的。这样可以尽量减少系统的计算时间，同时对于系统的不确定的变化进行有效响应。对于一些权重与参数可以有效地进行调整，利用控制函数的神经网络优化，最终得到自适应动态规划结果，完成一个控制执行和评判的过程。

随着计算速度和准确率的不断提升，飞机智能控制处理的应用越来越普遍，并推动了智能决策技术的发展速度。虽然仍有不足，但是借助这一重要的科技发展技术，定能逐步推动各行业蓬勃发展，让生活更加智能化。智能决策处理大大减少了人力成本，提升了飞机飞行的安全性，智能控制是重要的技术基础，在工业生产领域有着深远影响。

第五节　智能建筑

智能建筑是应用计算机技术、自动化技术和通讯技术的产物，主要包括楼宇自动化系统（Building Automation System，BAS）、办公自动化系统（Office Automation System，OAS）、通讯自动化系统（Communication Automation System，CAS）、防火监控系统（Fire Automation System，FAS）等。

一、楼宇自动化系统

楼宇自动化系统的任务是使建筑物的管理系统智能化。它所管理的范围包括电力、照明、给水、排水、暖气通风、空调、电梯和停车场的部分。通过计算机的智能化管理，使各部分都能够高效、节能地工作，使大厦成为安全舒适的工作场所。

楼宇自动化系统是计算机智能控制和智能管理在日常生活中的重要应用，它体现了计算机化的智能管理，可以节省人力物力，方便了人们的使用和记录，实现了智能报警、自动收费和自动连锁保护。例如，在电力系统中，可以对变压器的工作状态进行有效监管；在照明系统中，可以由计算机设定照明时间，在空调和暖气系统中，由计算机管理系统的启动和运行；在停车场的管理中，可以进行防盗监视、多点巡视和自动收费等。

二、办公自动化系统和通讯自动化系统

办公自动化系统和通讯自动化系统都是针对信息加工和处理的，其基本特点就是利用计算机、网络和传真的现代化设施来改善办公的条件，在此基础上，使得信息的获取、传输、存储、复制和处理更加便捷。在办公和通信自动化中，电话是最早使用的，但是在应用计算机之前，电话都是靠继电器和离散电路交换的，没有使用程序控制的交换机，电话的总数就受到限制。在程序控制电话的基础上，数字传真技术是远距离传送的，不仅可以是声音信息，也可以是图形文字信息。这就使所传输信息的准确程度又提高了一步。但是用传真手段来传送信息在接收和发送两端还离不开纸张介质。

计算机网络的推广使用使得信息的传输摆脱了纸张介质，直接在计算机硬盘之间进行了通讯。光纤通讯具有传输数据量大、频带宽等特点，特别适合多路传送数据或图形，它的使用是通讯领域里的一场新的革命，电子邮件可以准确快速地传输各种数据文件或图形文件。应用连接计算机的打印机可以使文件编辑修改在屏幕上进行，相对于手工打字就提高了自动化程度，而复印机的应用实现了多份拷贝直接产生，省去了通过蜡纸印刷的麻烦。

办公自动化中的另一重要部分就是数据库系统，是办公时做任何决定都必不可少的决策支持系统。财务管理系统、人事管理系统和物资设备管理系统是计算机应用的重要组成部分，它们借助于强大的软件功能使信息的处理更加便捷，使查阅修改更加方便，使大量的信息可以快速地提供给决策者。

三、防火监控系统

防火监控系统包括火灾探测器和报警及消防联动控制。火灾探测器常用的有以下五种。

（一）离子感烟式探测器

这种探测器是用放射性元素锯（Am241）作为放射源，用其放射的射线使电离室中空气电离成为导体，这时可以根据在一定电压下离子电流的大小获知空气中含烟的浓度。

（二）光电感烟式探测器

这种探测器又分头光式和反光式两种：头光式的测量原理是依靠测量含烟空气的透明程度，来获知空气中含烟的浓度的；反光式则是依靠测量空气中烟尘的反光程度来获知含烟浓度的。

（三）感温式探测器

这种探测器就是测量空气是否达到一定的温度，达到了则报警。测温元件有热电阻式、热电耦式、双金属片式、半导体热敏电阻式、易熔金属式、空气膜盒式等。

（四）感光式探测器

这种探测器又分红外式和紫外式两种：红外式的是使用红外光敏元件（如硫化铅、硒化铅或硅敏感元件等）来测量火焰产生的红外光辐射；紫外式的是使用光电管来测量火焰发出的紫外光辐射。

（五）可燃气体探测器

这种探测器又分为热催化式、热导式、气敏式和电化学式共四种：热催化式的是利用铂丝的发热使可燃气体反应放热，再测量铂丝电阻的变化来获知可燃气体的浓度的；热导式是利用铝丝测量气体的导热性来获知可燃气体的浓度；气敏式是通过半导体的电阻气敏性来测量可燃气体的浓度；电化学式是通过气体在电解液中的氧化还原反应来测量可燃气体的浓度。

第六节　智能交通运输系统

智能交通系统（Intelligent Transport System，ITS）是把先进电子传感技术、数据通讯传输技术、计算机信息处理技术和控制技术等综合应用于交通运输管理领域的系统。

一、交通信息的收集和传输

智能交通系统不是空中楼阁，也不是仿真系统，而是实实在在的信息处理系统，所以它就必须有尽量完善的信息收集和传输手段。交通信息的收集方式有很多种，常用的包括电视摄像设备、车辆感应器、车辆重量采集装置、车辆识别和路边设备以及雷达测速装置等。其中，电视摄像设备主要收集各路段车辆的密集程度，以供交通信息中心决策之用；车辆重量采集装置一般是装在路面上，可以判定道路的负荷程度；车辆识别和路边设备，可以收集车辆所在位置的信息；雷达测速装置，可以收集汽车的速度信息。所有这些信息都要送到交通信息处理中心，信息中心不仅要存有路网的信息，还要存有公共交通路线的信息等，这样才能使信息中心良好地工作。

二、交通信息的处理系统

在庞大的道路交通网上，交通的参与者有几万，甚至几十万，其中包括步行、骑自行车、乘公交车（包括地铁和轻轨）、乘出租车或自己驾车，道路上的情况瞬息万变。人们经常会遇到由于交通事故或意外事件造成的堵车，如果能够快速探测到事故或事件，并快速响应和处理，将会大大减少由此造成的堵车困扰。智能交通监控系统就是为此开发的，它使道路上的交通信息与交通相关信息尽量完整和实时；交通参与者、交通管理者、交通工具和道路管理设施之间的信息交换实时和高效；控制中心对执行系统的控制更加高效；处理软件系统具备自学习、自适应的能力。

交通信息的处理系统就是将交通状态信息和交通工程原始信息进行数据分析加工，从而输出交通对策。所谓路线诱导数据，就是指各路段的连接关系，根据这些关系可以做交通行为分析，进而做参数分析，交通行为分析就是分析各个车辆所行走的路线，这样就为计算宏观交通状况分析提供了数据。根据交通流量、密度和路段分时管理信息可以做出交通流量分析，进而为动态交通分配提供数据，根据路网路况信息和排放量数据可以做环境负荷分析。由交通流量、密度和交通流量分析的结果可以做动态交通分配，进而可以做出各时间交通量的预测。根据车辆移动数据、环境负荷分析和参数分析的结果，可以做出宏观交通状况分析。根据这些数据分析，最后就可以得出各种交通对策，这些交通对策包括交通诱导、道路规划、交通监控、环境对策、收费对策、信息提供和交通需求管理等。

三、大公司开发的智能交通系统

智能交通系统在它的发展过程中设备的技术进步是决定的因素，如果只有先进的思路而没有先进的设备，这样产生的系统必然是落后过时的。所以智能交通系统的各个分系统或子系统，都首先在大公司酝酿并产生了。它们的指导思路是首先融合信息、指挥、控制及通信的先进技术和管理思想，综合运用现代电子信息技术和设备，密切结合交通管理指挥人员的经验，使交通警察和交通参与者对新系统的开发提出看法和意见，这样集有线/无线通信、地理信息系统、全球定位系统、计算机网络、智能控制和多媒体信息处理等先进技术为一体，就是所希望开发的实用系统。其中，一些分系统或子系统包括交通控制系统、交通信息服务系统、物流系统、轨道交通系统、高速公路系统、公交管理系统、静态交通系统、ITS 专用通信系统等。

交通视频监控系统是公安指挥系统的重要组成部分，它可以提供对现场情况最直观的反映，是实施准确调度的基本保障。重点场所和监测点的前端设备将视频图像以各种方式（光纤、专线等）传送至交通指挥中心，进行信息的存储、处理和发布。使交通指挥管理人员对交通违章、交通堵塞、交通事故及其他突发事件做出及时、准确的判断，并相应调整各项系统控制参数与指挥调度策略。

多种交通信息的采集、融合与集成以及发布是实现智能交通管理系统的关键。因此，建立一个交通集成指挥调度系统是智能交通管理系统的核心工作之一。它使交通管理系统智能化，实现了交通管理信息的高度共享和增值服务，使得交通管理部门能够决策科学、指挥灵敏、反应及时和响应快速；使交通资源的利用效率和路网的服务水平得到大幅度提高；有效地减少汽车尾气排放，降低能耗，促进环境、经济和社会的协调发展和可持续发展；也使交通信息服务能够惠及千家万户，让交通出行变得更加安全、舒适和快捷。

智能交通系统又是公安交通指挥中心的核心平台，它可以集成指挥中心内交通流采集系统、交通信号控制系统、交通视频监控系统、交通违章取证系统、公路车辆监测记录系统、122 接管处理系统、GPS 车辆调度管理系统、实时交通显示及诱导系统和交通通信系统等各个应用系统，将有用的信息提供给计算机处理并对这些信息进行相关处理分析，判断当前道路交通情况，对异常情况自动生成各种预案供交通管理者决策，同时可以将相关交通信息对公众发布。

参考文献

[1]卞洪元.机械制造工艺与夹具(第3版)[M].北京:北京理工大学出版社,2021.

[2]陈爱荣,韩祥凤,李新德.机械制造技术[M].北京:北京理工大学出版社,2019.

[3]陈勇志,陈海彬,何楚亮.机械制造工程训练[M].成都:西南交通大学出版社,2019.

[4]邓志辉,田锋社.高职机械制造与自动化专业人才培养模式研究[M].北京:机械工业出版社,2011.

[5]冯显英.机械制造[M].济南:山东科学技术出版社,2013.

[6]葛汉林,姜芳,郑喜贵.机械制造[M].北京:中国轻工业出版社,2012.

[7]洪露,郭伟,王美刚.机械制造与自动化应用研究[M].北京:航空工业出版社,2019.

[8]黄力刚.机械制造自动化及先进制造技术研究[M].北京:中国原子能出版社,2022.

[9]焦艳梅.机械制造与自动化应用[M].汕头:汕头大学出版社,2021.

[10]雷子山,曹伟,刘晓超.机械制造与自动化应用研究[M].北京:九州出版社,2018.

[11]李俊涛.机械制造技术[M].北京:北京理工大学出版社,2022.

[12]刘军军,徐朝钢.机械制造工艺[M].成都:电子科技大学出版社,2019.

[13]全燕鸣.机械制造自动化[M].广州:华南理工大学出版社,2008.

[14]神会存,王焜洁,杨基鑫.机械制造技术[M].昆明:云南科技出版社,2019.

[15]师建国,冷岳峰,程瑞.机械制造技术基础[M].北京:北京理工大学出版社,2016.

[16]孙希禄.机械制造工艺[M].北京:北京理工大学出版社,2019.

[17]孙远敬,郭辰光,魏家鹏.机械制造装备设计[M].北京:北京理工大学出版社,2017.

[18]王均佩.机械自动化与电气的创新研究[M].长春:吉林科学技术出版社,2022.

[19]王义斌.机械制造自动化及智能制造技术研究[M].北京:中国原子能出版社,2018.

[20]熊良山.机械制造技术基础(第4版)[M].武汉:华中科技大学出版社,2020.

[21]徐福林,包幸生.机械制造工艺[M].上海:复旦大学出版社,2019.

[22]杨明涛,杨洁,潘洁.机械自动化技术与特种设备管理[M].汕头:汕头大学出版社,2021.01.

[23]喻洪平.机械制造技术基础[M].重庆:重庆大学出版社,2021.

[24]张停,闫玉玲,尹普.机械自动化与设备管理[M].长春:吉林科学技术出版社,2020.

[25]张维合.机械制造技术基础[M].北京:北京理工大学出版社,2021.

[26]张兆隆.机械制造技术[M].北京:北京理工大学出版社,2019.

[27]赵建中,冯清.机械制造基础(第4版)[M].北京:北京理工大学出版社,2021.

[28]朱仁盛,董宏伟.机械制造技术基础[M].北京:北京理工大学出版社,2019.